数学漫谈

许莼舫 —— 著

哈尔滨出版社
HARBIN PUBLISHING HOUSE

图书在版编目（CIP）数据

数学漫谈 / 许莼舫著. —哈尔滨：哈尔滨出
版社，2023.5
（少年读经典. 第二辑）
ISBN 978-7-5484-6408-2

Ⅰ. ①数… Ⅱ. ①许… Ⅲ. ①数学 – 少儿读物
Ⅳ. ①O1–49

中国版本图书馆CIP数据核字（2021）第273729号

书　　名：**数学漫谈**
　　　　　SHUXUE MANTAN

作　　者：许莼舫　著
责任编辑：尉晓敏　孙　迪
封面设计：沈加坤

出版发行：哈尔滨出版社（Harbin Publishing House）
社　　址：哈尔滨市香坊区泰山路82–9号　　邮编：150090
经　　销：全国新华书店
印　　刷：天津文林印务有限公司
网　　址：www.hrbcbs.com
E－mail：hrbcbs@yeah.net
编辑版权热线：（0451）87900271　87900272
销售热线：（0451）87900202　87900203

开　　本：710mm×1000mm　　1/32　　印张：27.5　字数：620千字
版　　次：2023年5月第1版
印　　次：2023年5月第1次印刷
书　　号：ISBN 978-7-5484-6408-2
定　　价：206.00元（全6册）

作者的话

　　这个集子，包括十八个短篇，原都是在杂志上发表过的，现在把它集起来出版，是为了供给同学们一些学习数学的课外资料。

　　学习数学是应该和实际结合的。本书每篇里面都举了一两个具体问题，用来作为例证，帮助同学们对于数学原理作深入的钻研，本书里所举的例子，特别是"益智谜"，很多都已在我国民间流传了许多年。读者可以从这里体会到祖国人民在数学方面所表现出来的智慧，希望同学们在看这本书的时候，也从这一点去认识。

　　作者学识肤浅，这一本集子如有什么错误地方，请读者尽量地指正。

许莼舫

一九五二年三月

目录

益智谜谜面

不要随便下断语

—歪理两条—

法国的数学家笛卡儿曾经说："天下的事理，非见到极明白，决不要随便就下断语。"这一句名言告诉我们在推断事理的时候，应当十二分地小心，不要凭着主观，自己觉得这样，就以为一定是这样。这种主观的判断，没有客观的真凭实据，只好算是武断，其结果一定要陷入错误。

这样空泛地说，也许不容易明白，现在来就几何方面举两个有趣的例子吧。几何学的论证都是有客观的根据的，当我们证明一个问题的时候，每一句话都应当有确实可靠的理由。假如我们凭了主观"想当然耳"地作出结论来，就一定要弄得谬误百出的。下面两个命题的证明，粗看好像都"言之成理"，可是只要仔细推敲一下，就不难看出它们都是不能成立的"歪理"。

〔命题一〕直线的全长等于它的一部分。

设 AB 是一直线，拿 AB 做边作 $\triangle ABC$（使 $\angle A$ 为锐角），又作 $CD \perp AB$，作 CE，使 $\angle ACE = \angle CB$，于是因 $\angle A = \angle A$，得

$$\triangle ABC \backsim \triangle ACE(a.a. = a.a.)$$

$\therefore \triangle ABC : ACE = \overline{BC}^2 : \overline{CE}^2$（$\backsim \triangle$ 之比等于对应边之平方比）

又 $\triangle ABC : \triangle ACE = AB : AE$（等高 $\triangle$ 之比等于底之比）

$\therefore \overline{BC}^2 : \overline{CE}^2 = AB : AE$（等于同比的二比相等）

$$\overline{BC}^2 : AB = \overline{CE}^2 : AE \quad（更调）$$

但 $\overline{BC}^2 = \overline{AC}^2 + \overline{AB}^2 - 2AB \times AD$（毕氏定理的推广），

$\overline{CE}^2 = \overline{AC}^2 + \overline{AE}^2 - 2AE \times AD$（同上）。

$$\therefore \frac{\overline{AC}^2 + \overline{AB}^2 - 2AB \times AD}{AB} = \frac{\overline{AC}^2 + \overline{AE}^2 - 2AE \times AD}{AE}（代入）。$$

即 $\dfrac{\overline{AC}^2}{AB} + AB - 2AD = \dfrac{\overline{AC}^2}{AE} + AE - 2AD$（分项，约分），

$\dfrac{\overline{AC}^2}{AB} - AE = \dfrac{\overline{AC}^2}{AE} - AB$（消去同类项，移项），

$\dfrac{\overline{AC}^2 - AB \times AE}{AB} = \dfrac{\overline{AC}^2 - AB \times AE}{AE}$（通分，归并）。

于是 $\dfrac{1}{AB} = \dfrac{1}{AE}$（以 $\overline{AC}^2 - AB \times AE$ 除两边）。

$\therefore \quad AB = AE$（两边各取倒数）。

这就是证明了直线 AB 的全长等于它的一部分 AE。然而几何公理中明明有"全量大于部分"的一条，况且在事实上 AB 比它的一部分 AE 长，连三岁的小孩子都知道的，那么上举的证明究竟错误在哪里呢？

细考上述证明的各步，似乎都有定理或公理可以根据，是无法驳倒的；其实第二步应用的除法公理在代数学中明明有一个限制，忽略了这点，就犯了随便下断语的毛病。兹订正如下：

由定理"相似三角形的对应边成比例"，知道

$$AB : AC = AC : AE$$

化为等积式，得 $\overline{AC}^2 = AB \times AE$。

移项，得 $\overline{AC}^2 - AB \times AE = 0$。

于是在前举证明中的末第三步应是 $\dfrac{0}{AB} = \dfrac{0}{AE}$，决不能化为 $\dfrac{1}{AB} = \dfrac{1}{AE}$，即末第二步以 $\overline{AC}^2 - AB \times AE$ 除两边，实际是用了 0 除两边，根本是不合理的，换句话说，因为 0 被任何数除，商总是 0，总能相等，所以虽得 $\dfrac{0}{AB} = \dfrac{0}{AE}$，但不能决定 $AB = AE$。说得更简单些，因 $\dfrac{0}{3}$ 和 $\dfrac{0}{5}$ 都等于 0，故 $\dfrac{0}{3} = \dfrac{0}{5}$，但

$3 \neq 5$，是谁都知道的。

〔命题二〕凡三角形都有二角相等。

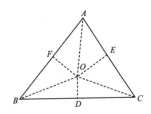

设 △ABC，作 ∠A 的平分线 AO，BC 的垂直平分线 DO，二线相交于 O。从 O 作 OE⊥AC，OF⊥AB。连 OB，OC。

∵ OB=OC（线段的垂直平分线上的点，与线段的两端等距），OF=EE（角的平分线上的点，与角的二边等距），

∠BFO = ∠CEO（由作图，垂线间的角是直角）

∴ △BFO≌△CEO(s.s.rt.∠ = s.s.rt.∠)，

∠OBF = ∠OCE（全同三角形的对应角相等）。

又∵ ∠OBC = ∠OCB（由 OB=OC，等腰△底角相等），

∴ ∠OBF + ∠OBC = ∠OCE + ∠OCB（等量加等量，和相等）。

即 ∠ABC = ∠ACB（部分的和等于全量，代入）。

这 △ABC 原是任意的三角形，现在证得 ∠ABC = ∠ACB，根据"三角形等角必对等边"的定理，已变成了一只等腰三角形，不又是一件奇怪的事吗？其实这又是武断。客观地想，决不是这样的。

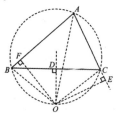

我们这样想：若 AB = AC，则由定理"等腰三角形的顶角平分线必垂直于底边，且平分底边"知道 ∠A 的平分线和 BC 的垂直平分线必合成一直线，不能说相交于 O。若 AB ≠ AC，我们作 △ABC 的外接圆，取 ⌒BC 的中点 O，连 AO，则 AO 平分 ∠A（等弧对等圆周角），即 ∠A 的平分线过 ⌒BC 的中点 O。又因 BC 的垂直平分线也过 O（弦的垂直平分线平分其对弧），所以这二直线相交于 O，且 O 是 △ABC 的外接圆上 ⌒BC 的中点，必永远在 △ABC 的外面，再设 AB > AC，则

$\overset{\frown}{AB} > \overset{\frown}{AC}$（大弦对大弧），但 $\overset{\frown}{BO} = \overset{\frown}{CO}$，相加得 $\overset{\frown}{ABO} > \overset{\frown}{ACO}$，所以 $\overset{\frown}{ABO} > 180° > \overset{\frown}{ACO}$（因这两弧的和是 $360°$ $\angle ACO > 90° > \angle ABO$（圆周角以所对弧之半来度它），垂足 E 在 AC 的延长线上，垂足 F 在 AB 边上（否则一个三角形内含一直角和一钝角，是不合理的）。同理，$AB < AC$ 时，垂足 E 在 AC 边上，垂足 F 在 AB 的延长线上 *。

综上所述，前举图形中的 O 在三角形内，且二垂足都在边上，这是错误的。在准确的图中，O 在三角形外，垂足 E 和 F，一在边上，一在边的延长线上。故知以前证得的：

$$\angle OBF = \angle OCE \quad \text{·······························（ 1 ），}$$
$$\angle OBC = \angle OCB \quad \text{·······························（ 2 ），}$$

虽丝毫无误，但由此决不能得到

$$\angle ABC = \angle ACB \quad \text{·······························（ 3 ）。}$$

为什么呢？因为（3）的左边是（1）（2）两式左边的差，但（3）的右边却不是（1）（2）两式右边的差（这是 $AB < AC$ 时的情形，若 $AB < AC$，则左右相反）A，所以从（1）（2）两式不能根据等量公理而得（3）式，前举的证明当然是完全错误了。

———————————

* 这一段的原文，前在《进步青年》刊出，证 O 点在 $\triangle ABC$ 外所用的方法，不免呆笨费力，且对二垂足 E 和 F 的一在边上和一在边的延长线上未述理由，承蒙河南偃师县立一中王蕴山同志指出，特根据王同志的意见加以修正，并在这里附致谢意。

不要随便下断语

益智谜

（1）行军不利——某国的军队占领某地，列队游行示威。因为街道很阔，初列每排十人，列到末排缺少一人。这军队的这司令很迷信，认为末排缺人是不吉利的，于是发令改为每排九人，但末排仍缺一人。又改成每排八人，末排仍缺一人；再改七人一排、六人一排……直到二人一排，末排终缺一人。于是这司令大起恐慌，认为这一次行军一定要失败了，试猜这队兵有多少人。但已知兵数在三千到七千之间。

（2）牧童妙语——某童牧羊归，牵羊入栏，出外散步。邻童问他："你今天出去的羊群有几头？"牧童说："把我的山羊数乘绵羊数，把所得的答数在镜子里一照，恰巧是山羊同绵羊的总数。"问两种羊各多少？

（3）瓜葛之亲——李君宴客，座有赵君，李向众友介绍；称赵君是他的亲戚。众友问他是什么亲，李说："他是我父亲的妻弟之子，又是我岳翁的侄儿；我是他姑母的侄女之夫，又是他姐夫的哥哥。"众友都瞠目不解。这李赵二君的亲族关系，读者能列一系统表来表明吗？

（4）智牛避车——一只牛闲行到铁路桥上，桥长四十八尺，该牛立在桥心的东五尺处，忽觉一火车自东疾驰而来，速率为每小时一百二十里，刚正是牛走的速率的五倍。这时候距桥的东端只有二倍桥长的距离，问这牛应该向哪一方面逃走，才能保全性命？（牛的身体大小不计）

（5）故弄玄虚——甲问乙说："今天是星期几？"乙素喜故弄玄虚，回答说："若以后日为昨日，则今日与星期日的距离，等于以前日为明日的今日与星期日的距离。"那么今天究竟是星期几呢？

（6）跌碎钟面——制造时辰钟的某工人，不小心把钟上的一块瓷面跌碎，分为四块，仔细一看，发现每块上所有的罗马数字的和恰巧都相等。问这瓷面碎成什么形状？

（7）十字成方——用木条四根，排列成如右图的十字形，现在要想移动一根，得一正方形，试问用什么方法？

思索的三部曲

—猜数游戏—

　　同学们遇到了一个难题，往往会想到头昏脑涨，结果还是一无所获。等到在"题解"一类的书中或同学的练习簿里看到了它的解法，好像跑得满头大汗时吃了一杯冷饮，感觉着又痛快又惊异，不知不觉地会发出这样的疑问："他怎样想出来的？"这疑问的答案，不要说从演式中找不出来，就是那些聪明的懂得它的解法的人也不会告诉你。他们并不是故意在卖关子，实在是无从说起的缘故。本来，思索一个问题的方法，不是可以抽象地、概括地用言语表达出来的；必须要经过不断地学习和实际的练习，然后才能逐渐地得到。因此我们不能认为学会了一个问题的做法，便算尽了学习的能事，最要紧的还是要学会思索问题的方法，养成良好的思索习惯。

　　教了二十多年数学，"题目要怎样去想？"这个问题，常常被人问到，每次都苦于无从说起，就是说也不会十分彻底。

在这当儿，我只好举出实例来作答复。下面的一个小小的猜数游戏，就是一个很好的实例。读者看了之后，对于思索数学问题应有怎样的过程，也许会知道一个大概。

记得在很多年以前，看见同学们玩着一种猜数的游戏。方法是你随便写下一个多位的整数，把这数中各位的数字加起来，从原数中减去这加得的和，然后在所得的差中留下任何一位数字，把其余各位数字随便颠倒地报告出来，他就能立刻猜到你留下的是哪一位数字。但遇到 0 是例外，不要留下，也不必报告出来。要说得明白一些，当然必须举一个例子。假定你写下的是 65271，各位数字加起来，得 21，相减得 65250，留下 2，报告出来的三位数字是 6，5，5，他立刻会猜出你留下的数字是 2。

$$\begin{array}{r} 6\ 5\ 2\ 7\ 1 \\ -\qquad\ 2\ 1 \\ \hline 6\ 5\ 2\ 5\ 0 \end{array}$$

我最初看到了，觉得很奇妙，于是开始样想：根本不知道原数，单靠着报告的 6，5，5 三位数字，怎样会立刻猜出这留下的是 2 呢？要解决这一个问题，开头好像无从着手，但是一注意到报告的数字可以随便颠倒，就知道猜的方法同实际的数无关，只同各位数字有关——十位的 5，实际的数是 50，数字是 5—；这是第一个关键，再注意到 0 可以不必报告，可见从报告的数字要猜出留下的数字来，只能用加或减的基本算法，绝对不会用到乘或除；因为用 0 做加数或减数是不发生影响的，所以尽可不必报告，但是乘除就完全两样了，这是第二个关键。于是任意假定各数，来做实地试验。先用前例的 65271，再用 55437，9889，365028，47965 等分别做原数，如法炮制，各减去数字的和，都留下任意的一位，把其余各位——算是报告的——先用加法算出和数，连同留下的一位数字，列下一张表。

报告的各位数学	6，5，5	5，4 1，3	9，5，5	3，4，5	3，7 4，4	…
报告的各位数字的和	16	13	19	12	18	…
留下的一位数字	2	5	8	6	9	…

那报告出来的各位数字的和，同留下的数字有什么关系呢？很容易发现 16+2=18，13+5=18，19+8=27，12+6=18，18+9=27，…它们的和 18，27，…都是 9 的倍数。因此知道猜法的秘诀原来是这样："把报告的各位数字加得一个和数，在 9 的倍数中选出一个比那和略大的，相减就得；但和数刚正是 9 的倍数时，那么留下的数字就是 9。"

上述游戏的谜是给打破了，不过这是从事实上观察得来的，只能说是应该要如此，究竟为什么要如此，这里还须作一个明确的回答。

就最初的例子考察，65271=60000+5000+200+70+1，根据倍数的原则：9 的倍数的任何倍仍是 9 的倍数；9 的倍数同 9 的倍数的和仍是 9 的倍数，可得

$$60000 = 10000 \times 6 = （9 的倍数 + 1）\times 6 = 9 的倍数 + 6,$$
$$5000 = 1000 \times 5 = （9 的倍数 + 1）\times 5 = 9 的倍数 + 5,$$
$$200 = 100 \times 2 = （9 的倍数 + 1）\times 2 = 9 的倍数 + 2,$$
$$70 = 10 \times 7 = （9 的倍数 + 1）\times 7 = 9 的倍数 + 7,$$
$$\underline{\qquad 1 \qquad\qquad\qquad\qquad = \qquad\qquad 1,（+}$$
$$65271 \qquad\qquad\qquad\qquad\qquad = 9 的倍数 + 21。$$

移项得 65271 – 21=9 的倍数，即 65250=9 的倍数。根据算术中的质因数检验法，知道 65250 既是 9 的倍数，那么各位数字的和也是 9 的倍数，即 6+5+2+5=9 的倍数。于是前举猜法的原理就不难彻底明白了。

这个数学游戏的思索过程是怎样的呢？第一步是要认清问题的关键，第二步是要由"知其然"而进到"知其所以然"，把它列举出来，好像是一套三部曲：

（一）想：这是怎么一回事？

（二）想：这是怎样做法的？

（三）想：为什么这样做就成功这么一回事？

益智谜

（8）教堂怪钟——瑞士老钟表匠某，被某礼拜堂请去装一只大钟。因年老目力不济，把长短二针配错了，于是短针走的速度反是长针的十二倍。配时是早晨六时，短针指六，长针指十二。老钟表匠装毕回家，村人仰看这钟，一忽儿已七时，后又八时、九时，大为讶怪。立刻去找老钟表匠来，等到赶到，已是晚上七时有余，用表一对，准确无误，老钟表匠疑心他们有意作弄，忿忿而归。不料这钟又是八时、九时地跑起马来。村人再去请老钟表匠，第二天早晨八时后赶到，用表校对，仍旧无误。钟表匠大怒，且骂且归。从此以后，这只钟依旧狂走，老钟表匠不肯再来。试问老钟表匠往观时是晚上七时几分？又是次晨八时几分？此后何时又能准确？

（9）巧插金针——在纸上画如下的图形，用针六枚，插在图中有黑点的地方，但在横、竖、斜各直线上都不许有二针。问怎样插法？

思想的线索

—算稿补缺—

当我们研究一个问题的时候，必须集中思想，把握思索的方法，有规律地深入到问题里去。前次所讲的"思索的三部曲"，就是一种最普通的思索问题的方法。但是问题的变化往往是很复杂的，当我们碰到这种复杂问题，就必须灵活地运用这种思索的方法。怎样去灵活运用呢？就是首先要找出思想的线索，按照这个线索集中思想一步一步深入到问题里面去，从第一个环节找出第二个环节，以至第三、第四……环节，逐次把问题的连锁完全解开出来。这又好比剥茧抽丝，先要寻到一个正确的头绪，从此往下抽去，就能很顺利地逐渐抽到丝尾。假使不是这样的话，我们的思想便不能集中，容易走到"胡思乱想"的路上去，这样不但不容易获得结论，而且劳而无功。这里，我们可以用一个实例来说明。

某处的法院受理一件案子，其中唯一的证据是一张不完全的算稿，列着一个除法的算草。这算稿的大部分已残缺模糊，只留着七个数字可以辨认，堂上无从判断，征求算学家把它补足。原稿的式样如下，其中 a, b, c, d, …就是残缺的数字。

$$a\,b\,9\,)\,6\,c\,8\,d\,e\,f\,(\,g\,5\,h$$
$$\underline{\quad\quad\ i\,j\,k\,2\quad\quad}$$
$$\underline{\quad\quad\ l\,9\,m\,m\quad\quad}$$
$$\quad\quad\ p\,q\,4\,r$$
$$\underline{\quad\quad\ s\,t\,u\,v\quad}$$
$$\underline{\quad\quad\quad\ w\,x\,y\,z\quad}$$

这里一共缺少二十五个数字。仔细寻求，第一步知道 r 这个数字是容易推定的。因为这是商数中的 5 同除数中的 9 的乘积的末位数字，那一定是 5。又 g 同 9 的乘积的末位是 2，这 g 一定是 8；因为其他的数没有一个能同 9 乘得末位是 2 的。这里已经求得 $r = 5$，$g = 8$。

第二步，由 8 减去 k 得 9，必须借位，即由 18 减去 k 得 9。但 18 的 8 也许被右位借 1 而成 17，所以 k 应是 8 或 9。若 $k = 8$，则由 g（已知是 8）乘 9 得 72，在 $k = 8$ 中减去 7 得 1，是 g（8）乘 b 的末位数字；但 8 乘任何数所得的积的末位决不能是 1，所以 $k \ne 8$，那么一定 $k = 9$。

第三步，既得 $k = 9$，则 g（8）乘 b 的末位数字是 2，b 是 4 或 9。若 $b = 9$，则商的第二位 5 乘 9 得 45，r 的左位应是 9；但式中明明是 4，所以 $b \ne 9$，一定 $b = 4$。

第四步，因为 $i \not> 6$，故 a 最大是 8。若 $a = 8$，则由 $g = 8$，$b = 4$ 而得 $j = 7$，$i = 6$。但 c 最大不能超过 9，若 $c = 9$，被右位借 1 后余 8，减去 j（7），得 $l = 1$。但 l 至少应是 5 乘 a（8）的积的首位数字 4，于是知道这是不合理的，即 $a \ne 8$。若 $a = 6$，则仿上法可推得 $j = 1$，$i = 5$，即使 $c = 0$，倘得 $l = 8$，g 就不止是 8 了，故 $a \ne 6$，决定 $a = 7$。续推得 $j = 9$，

$i = 5$，$q = 7$，$p = 3$，$l = 3$，$c = 3$。

第五步，由 $q = 7$ 及上方的9，知 s 最大是2，d 最大是9，故 m 最大是7，t 最大是3，即 st 最大是23。又设 q 上方的9若被借位，则 s 仅是1，t 最小也要5（设 $m=o$，且被借位），即 st 最小是15。于是决定 $h = 3$，因为3乘 a（7）得21，在15同23之间的缘故。续推得 $z = v = f = 7$，$y = u = 4$，$x = t = w = s = 2$，$n = e = 9$，$m = 6$，最后 $d = 8$。

到这里，已经从茧上的丝头一直抽到了丝尾，取得了我们所需求的蛹子。

益智谜

（10）笨兄笨弟——兄弟一对笨人，兄对弟说："十年后我的年龄是你的二倍。"弟对兄说："不，十年后我的年龄同你相等。"旁人听了，都莫名其妙。试问是什么缘故？

（11）二父二子——二父二子聚餐，用去餐费三元，欲平均分派，问各人应出多少？

（12）巧割纸条——取纸条七张，各依次自上而下写1，2，3，4，5，6，7七个数字，并列成正方形，每边都有七个数字。现在要用最简单的方法分割各纸条，另行排列，仍成正方形，使每竖行、横行或两对角线上的七个数字的和都是二十八，试问如何分法？

（13）植木难题——某园植名贵果树十二株，排成如图的六角星形，计列六行，每行四株。后来园主要重新布置，改列七行，每行仍须四株，命园丁移植，但规定至多只能移植四株，园丁想了多日，无法下手，拟请诸君代筹良策。

（14）巧解石像——某收藏家购得罗马古石像一块，是每边五尺的正方形大石板，其中纵横各划分为五等分，共得每边一尺的小正方形二十五个，每一小方中刻一人面凸像。某君得此，欲悬于壁上以作点缀。唯因四壁都有门窗，隙地最阔的也只四尺，要想把这块石板锯成四块，其中的二块拼成每边四尺的正方板，另外二块则拼成每边三尺的正方板，不得损及人像，方法是怎样？

（15）矮贼被捕——某警察追捕一贼，此贼体矮，跨步非常小，警察二步的距离，此贼须行五步。但此贼举动很敏捷，警察行五步的时间，此贼能行八步。今知贼原在警察前二十七步，问警察行若干步而捕得此贼？

（16）三人分酒——甲、乙、丙三人平均出钱购酒二十一瓶，同饮数次后，其中七瓶已饮尽，另有七瓶各饮去一半，尚余七瓶未饮。现在三人就要离别，欲连空瓶一并分讫，每人所得瓶数相等，酒量也等，不得将瓶中的酒倾倒，问用何法？

（17）巧贯九星——有如图排列的九个星形，要一笔画线通过九星，这线的各部都是直的，只准折三折，试问要怎样画法？

从错误到正确

—三牲共草—

　　偶然碰到一位两年前的初中毕业同学，他跟我谈到他们学校里的一位数学教师。据他说，这位先生的资历很不差，上课也认真；可是遇到学生提出练习题来询问的时候，总是不能在黑板上爽快地做出来，常常一次两次地做错了再重做。屡次这样，同学们看了不觉笑出声来。这位先生倒不露什么窘态，只微微地笑着说："一做就对，给你们看了没有什么益处。"同学们都认为这是他自己解嘲。这位同学的话引起我一些感想。我想，那位先生对于功课不大肯预备，题目又做得不熟，大概是事实，所以说了那句话来为自己解嘲。但是他那句话却可以给我们一些启发。

　　所谓正确，要和错误相对举才有意义。明白了这样做是错误，才知道那样做是正确；正确正是从错误的改进中得来的。思索常要从错误到正确，不见得都是一想就对的，试看发明家的发明一件新事物，哪一个不经过多次的失败？没有失败，又哪一个会得到最后的成功？

这错误的思索的过程，不但教科书上不会明明白白地写出来，就是教师也不易清清楚楚地告诉你，那位先生在黑板上一次二次地做错，正是一个告诉你的好机会，可惜你是轻易把它错过了。

这里有一个有趣味的算术问题，大概谁也不能一算就对，正是"从错误到正确"的一个好例子。

今有一牛、一马、一羊共据一草地，这草地供牛马共吃，可吃45日；牛羊共吃，可吃60日；马羊共吃，可吃90日。已知马羊食量的和，恰同牛的食量相等。问牛、马、羊三牲共吃，可吃几日？

一看题目，就知道是一个工程类的问题。假定全草地的草是1，那么牛马每日共吃草$\frac{1}{45}$，牛羊每日共吃草$\frac{1}{60}$，马羊每日共吃 $\frac{1}{90}$，二牛、二马、二羊每日共吃草 $\frac{1}{45}+\frac{1}{60}+\frac{1}{90}=\frac{4}{180}+\frac{3}{180}+\frac{2}{180}=\frac{9}{180}=\frac{1}{20}$。一牛、一马、一羊每日共吃草$\frac{1}{20}$ $\div 2=\frac{1}{40}$ 于是得所求的日数是 $\frac{1}{20}\div 2=\frac{1}{40}$。

依题验算，为便利计，假定把全部草地划分180个小方块，各方块的面积都相等，那么一牛一马45日吃180方，每日吃180÷45＝4方。同理，一牛一羊每日吃180÷60＝3方；一马一羊每日吃180÷90＝2方。二牛、二马、二羊每日共吃4+3+2=9方。一牛、一马、一羊每日共吃9÷2＝4.5方。40日内一共吃4.5×40＝180方，恰巧吃完，与前半题完全符合。又一牛每日独吃4.5－2＝2.5方，一马每日独吃4.5-3=1.5方一羊每日独吃4.5-4=0.5方。马羊食量的和是每日1.5＋0.5＝2方，但牛的食量是每日2.5方，两者不能相等，与后半题不合；

于是知道上述的解法是完全错误了。

经过屡次地重算，也许会发生两次三次的错误，但是终可获得如下的正确的解法：

因为马羊食量的和等于牛的食量，又一牛一马可合吃45日，其中一牛可换一马一羊，食量相同，故二马一羊合吃，仍可吃45日，即二马一羊每日共吃草$\frac{1}{45}$（即180方中的4方）。

又前经算得一马一羊每日共吃草$\frac{1}{90}$（即2方），则二马二羊每日共吃草$\frac{1}{90} \times 2 = \frac{1}{45}$（即4方），与前相较，所吃的草同是$\frac{1}{45}$，但后者较前者多一羊，到此地，就发生了疑问：这一只羊是否不吃草的呢，还是题目根本错误呢？仔细一想，不觉恍然大悟。原来自然界中的任何现象，都与周围的现象有着密切的联系，我们看一个问题，不能把这个问题孤立起来看，换句话说，我们不要老是在数字里边弯圈子，还得看看与此相关的各种具体情况。根据这个看法，我们不难发现，题目中所说草地上的草，它的数量并非固定不变，而是逐日在新生的，但是照上面的算法，却主观地承认草地上的草的数量固定不变，这就是造成错误的原因。从此可见二马一羊每日共吃草$\frac{1}{45}$，二马二羊每日共吃草也是$\frac{1}{45}$，后者所多的一羊，并非是不吃草，可看作是吃那新生的草，于是牛羊每日共吃草$\frac{1}{60}$，实际是牛每日独吃原有草$\frac{1}{60}$（即3方）；马羊每日共吃草$\frac{1}{90}$，实际是马每日独吃原有草$\frac{1}{90}$（即2方）。最后归纳起来，知道牛马每日共吃原有草$\frac{1}{60} + \frac{1}{90} = \frac{1}{36}$（即5方），羊则吃新草，新旧草全部吃完，所需的日数应是$1 \div \frac{1}{36} = 36$。

用代数演之，更加容易明了：

设三牲的食量（即每日所吃的草），牛是x，马是y，羊是z，又这草地每日所生的新草是u。依题意得方程式。

$$\left\{\begin{array}{l} x+y=\dfrac{1}{45}+u \cdots\cdots\cdots\cdots\cdots\cdots（1）\\[2mm] x+z=\dfrac{1}{60}+u \cdots\cdots\cdots\cdots\cdots\cdots（2）\\[2mm] y+z=\dfrac{1}{90}+u \cdots\cdots\cdots\cdots\cdots\cdots（3）\\[2mm] x=y+z \qquad\cdots\cdots\cdots\cdots\cdots\cdots（4） \end{array}\right.$$

以（4）代入（1），得 $2y+z=\dfrac{1}{45}+u$ $\cdots\cdots$（5）

（3）$\times 2$，得 $2y+2z=\dfrac{1}{45}+2u$ $\cdots\cdots$（6）

（6）$-$（5），得 $z=u$ $\cdots\cdots\cdots\cdots$（7）

以（7）代入（2），得 $x=\dfrac{1}{60}$ $\cdots\cdots\cdots\cdots$（8）

以（7）代入（3），得 $y=\dfrac{1}{90}$ $\cdots\cdots\cdots\cdots$（9）

因$z=u$，即草地每日所生的新草恰可供给一只羊吃，所以这一只羊可以认为是不吃原有草的，与所求的日数无关。于是由

（8）$+$（9），得 $x+y=\dfrac{1}{36}$ 。

故所求的日数是 $1\div\dfrac{1}{36}=36$ 。

益智谜

（18）判别夫妻——姐妹四人，分别嫁赵、钱、孙、李四君，某日，八人相聚，同到点心店里去吃饼。堂倌拿出来一大盘饼，计四十个，吃罢后把余下的均分恰尽。起身时赵说："今天的事情巧，你们姐妹四人中长姐吃一个饼，次姐吃二个饼，三姐吃三个饼，幼妹吃四个饼，我所吃的同妻相等，钱君吃的是妻的二倍，孙君吃的是妻的三倍，李君吃的是妻的四倍，共有饼四十个，吃剩的又恰被八人均分而尽，再巧也没有了。"旁座的人听了，都猜不出谁同谁是夫妻。

（19）火柴难题——用火柴十八根，排成两个四边形，使一四边形的面积恰为另一四边形的三倍；但所用的火柴不能折断，不能重叠，更不能各端不相衔接。问用什么方法排列？

认清对象

—环游地球—

着手研究问题，应该先要认清研究的对象。假使你把对象认错了，就像做文章做得"文不对题"，不免要大闹笑话，譬如："一只羊有两只角，一锤敲下了一只角，问还有几只角？"这问题研究的对象是羊的角，敲下了一只，当然剩 2 - 1=1 只，是毫无疑问的。再问："一张三角形的纸，一剪刀剪去一只角，还有几只角？"这个问题研究的对象好像仍旧是角，只要仍用减法一算就得了；其实却是不对的，它的对象不是羊的角而是纸的角，答案应该是 3+1=4 只角。又问："一块方木，共有八只角，用锯锯掉了一只角，还有几只角？"这里的对象又换成了方木的角，其答案既非 8 - 1=7，又非 8+1=9，却应该是 8+2=10 只角了。

下面举一个很有趣的问题，你看了之后，对于"认清对象"这件事一定会更加感到重要。

在地球的赤道上，假定有人筑起了一条环球大铁道，好像在皮球的周围套了一道箍一样。我们乘了火车，从这铁道上的某一地点出发，一直向西开行。若铁道的全长——即赤道的长——是八万里，火车每一昼夜的速度是四千里，出发时恰当正午，在火车里的日历上看到是一月一日。试问环行地球一周后仍到原处，那时再去看日历，应该是哪一日？

我想许多人都认为这是极简单的问题。因为全程八万里，每一昼夜行四千里，那当然行了80000÷4000=20昼夜仍到原处，那时不正是一月二十一日的正午吗？

其实，你是完全搞错了，你曾注意到"火车里的日历"和"昼夜""正午"那几个字吗？原来这火车环行一周所费的时间确实是20昼夜；在出发地点的人看见这火车开到，确实是一月二十一日的正午，但是你却认错了你的对象，因为在火车里的日历上所示的日期却全然不同呀！又，火车环行地球一周费20昼夜，这每一昼夜的准确时间是二十四小时，但是人们撕下日历，不会注意到准确的时间，总是以太阳出没一次做标准的。火车里的人所见到的太阳出没，并不是二十次呀！你觉得很奇怪吗？我这里少不得要交代一个明白。

地球不是在自转吗？一昼夜不是自转一周吗？假使人站在太阳上，经过一昼夜，一定会看见地球从西向东自转了一周。但是人决不能站到太阳上去，于是你在正午看见太阳当顶，经过一昼夜又见太阳当顶，就说这太阳在一昼夜间从东向西绕地球行了一周，正像人在开行的船上见岸在后退一样。这地球和太阳间的运动本来是相对的，客观地讲，地球在自转；就人的主观来讲，太阳在绕着地球环行。我们为了说明的便利，在这里从主观来讲，倒也并无妨碍，于是你可以想：在20昼夜中太阳从东向西绕地球行了20周，同时火车里的人也从东向西绕地球行了一周，所以火车里的人感觉到太阳绕地球仅19周，见到太阳出没仅19次，车里的日历只撕去了19张。于是在抵达原处时，火车里的日历所示的日期当然是一月二十日了。

你觉得还不能彻底明了吗？不妨再拿赛跑来作比喻，我想一定容易明白了。譬如你同一位赛跑健将比赛，你技术同他差得很远，他跑三圈的时间里，你只能跑满一圈。那么当你们二人出发以后，他在跑第二圈的时候在你身旁擦过一次，最后抵达终点时又在你的身旁，在出发后一共只相遇着二次。假使他跑四圈时你只跑一圈，那么当他跑第二、三两圈时各在你身旁擦过一次，连抵达终点共计相遇三次。依此类推，假使有一位神行太保和一个刚会走路的小孩子比赛，神行太保走二十圈的时间里，小孩子只能走一圈，那一定要相遇十九次。这二人的相遇，正像正午时的太阳在人的当顶。可见上举的比喻同环行地球的情形，简直是完全类似的。

你们在算术中想必都学过经差和时差的算法的。地球上各地的时间，随着经度的不同而并不一致，经度相差 15 度，时间就相差 1 小时。就本题来说，火车每向西走过地球的 $\frac{1}{24}$ 周——就是移动了 $360 \times \frac{1}{24} = 15$ 度的经度，时间就提早了 1 小时，绕地球行了一周——360 度的经度，就提早了 24 小时，不是刚正一昼夜吗？

明白了上述各点，就可以继续推想：若火车向东开行时，每经过 15 度的经度，时间就延迟了 1 小时，绕地球一周就延迟了 24 小时，火车里的人见太阳出没共计 21 次，火车里的日历上所示的日期，应该是一月二十二日。

益智谜

（20）铁道架空——设想在地球的赤道上筑一环球铁道，紧贴着地面，同套在木桶上的铁箍一样。现在把这铁道的某处断开，另取六尺长的铁轨接入其间，这时候铁道的全长既增六尺，当然不能再同地面紧贴，若用枕木架起，使铁轨的各部同地面距离相等，试问铁轨应架到多高，即问铁轨同地面相距多少？

（21）男女同餐——某机关男女职员同桌聚餐，其中一个男子说："今天真巧，我看见男女的人数恰相等。"其中一女子说："不，我所看见的男子数恰为女子数的二倍。"旁座的人听了，都很奇怪。这是什么缘故？

计划和准备

—逼走华容—

　　科学的态度是做事有计划、有准备。我们在做任何一件事情之先，若不"深思熟虑"和"未雨绸缪"，那么成功的希望一定是很渺茫的。因为有了计划，就能有条不紊地逐步做去，免得浪费时间。有了准备，可以专心致志地次第进行，免得临时慌乱。

　　这里来介绍一个富于兴趣的游戏，其名叫作"曹操逼走华容道"。

　　用五寸长、四寸阔的一只木盘，中间盛着十个木块。其中最大的一块是二寸见方的，放在底下，算作"曹操"。五块是长二寸、阔一寸的长方，中间横放的一块算作"关公"，两旁竖放的四块是四员"大将"。再有四块一寸见方的是"小兵"。排列成图1的阵形，中间空着用斜线做记号的两个小方。木盘上方正中有一个二寸宽的缺口，可让曹操走出，就算作"华容道"。现在要把这十个木块在盘内移动，不得取出盘外或离开盘底，这样挤来挤去，直到移成图2的阵形，曹操到了华容道口，关公在背后目送着他走出，这游戏就算完了。

图1　　　　　　　　　图2

上述的游戏看似容易，其实却是极难的。你要是没有充分的准备和详密的计划，移来移去，必致到处碰壁。因为除小兵可以见空就移、遇缺即补外，其余的木块，一不小心就会阻塞着而寸步难移。这样乱撞木钟，会使你感觉灰心，结果难免半途而废。即使你下了决心，非搞成功不可，费了九牛二虎之力，很侥幸地居然给你达到目的，可是第二次再来的话，却又要在暗中摸索，成功与否仍旧是没有把握的。

假使我们在事前做一个准备，先非正式地移动，来寻求它的规律，可以发现下列各条：

（一）四个小兵中，每二个必须常在一起，不得分离。

（二）关公欲向上移，上方须有二个小兵让出横的空档；或原有竖的空档，把竖排的二个小兵改作横排，留下横的空档，让关公上移。欲向下移时类推。

（三）大将欲向右移，右方要有二个小兵让出竖的空档，或由另一大将让出；或原有横的空档，把横排的二个小兵改作竖排，留下竖的空档来让他走。欲向左移类推。

（四）曹操欲向上或向下移时，与（二）同；欲向右或向左移时，与（三）同。

（五）关公欲上下移动时，不但前面要有二个小兵开路，后面还要紧跟着二个小兵保护。曹操上下移动时亦然，前有二兵拦截，后有二兵追赶，这样前后照顾，才可免去阻塞。

（六）如图3，一大将及二小兵在左上或右上的六方寸内，可任意回旋，使各居任何位置。

图3　　　　　　　图4　　　　　　　图5

（七）如图4，三大将及二小兵在左半或右半的十方寸内，可任意回旋，而成任何形式。

（八）如图5，关公、曹操及四小兵在上部的十二方寸内，可任意回旋，循环不已。曹操换成二大将也可以，但须常伴不离。

准备工作完了之后，就开始计划，以备正式移动。计划的初步，要使曹操移右一步（曹操移上一步是极容易的，但两旁的大将却绝对不能转身），右下角的大将必须上移，但上方的大将被关公横阻着，不能越雷池一步。所以先决问题是要把关公移到上角，让出地位，以供大将自由活动。要达到这个目的，须先变成图5的阵形（但右上角不是曹操而是二大将），然后根据规律八把他们在上部回旋。于是"右将上、关公右（左上角成图3之形）、左将上、一小兵下折左、另一小兵下、左将右、一小兵上、另一小兵左折上（规律六）、关公左、一小兵下折右、另一小兵下、左将右、一小兵右折上、改竖为横（规律二）成图5之形，又关公上、二小兵同左、二大将同下、二小兵同右、关公上（规律五及八）。"移二十一块而目的达到，成图6之形。

第二步计划就是前述的使曹操移右一步（移左也是一样），很容易就得"中央小兵上折左（规律三）、二大将同左、右下角大将上、曹操右、一大将下。"移六块而成图 7 之形。

第三步计划，要使曹操移上一步，由规律五，须移去上方的二个大将。欲达此目的，依规律八就得。于是"左上的兵右折下（规律二）、关公下、上列二兵同左、二将同上、中间二兵同右、关下、上方中间一兵下折左（规律三）、二将同左、一兵上、另一兵右折上、关右（规律八）。"移十五块而成图 8 之形，这时关公在曹操的上方，虽可倚傍着同向上移，但上方一大将应设法移去。

图 6　　　　　　　图 7　　　　　　　图 8

虽然只要移四块也可以达到这个目的，但曹操上移后左方的大将就无法移动，所以必须依照规律五，使曹操的后面紧跟着二个小兵。于是因为左半正像图 4 的形状，可先依规律七移动。"兵下折右、一将上、另一将左、兵下、将下、兵右折下、二将同上、兵左、将下、兵下、一将右、另一将上、兵左折下、将上、一兵右、另一兵下、一大将下、另二将同左（规律七）、兵左折上（规律二及四）、关曹同上。"移二十三块而成图 9 之形。

图 9 　　　　　　　　图 10

第四步计划，使曹操再向上移，四将并列于下，先完成图2下部的形式。"下列二兵同右、四将同下、上列二兵同左、关曹同上、一兵上折右（规律三）、一大将右、另一将下、曹左、二兵上、三将右、一将下。"移二十块而成图10之形。

最后一步，再依规律五及八，使上部的六块在十二方寸内回旋，终可得图2之形，"曹左、一兵左折下（规律二）、关下、二兵同右、曹上、二兵同左、关下、一兵下折右（规律四）、曹右、一兵上、另一兵左折上、关左移中、曹从华容道口出。"移十五块而毕。

前后统计一下，以移一块作一次算，恰巧移动了一百次而大功告成。

益智谜

（22）计搬家具——某君筑室六间，比邻相通。前造中间是出入之所，右是会客室，中置一大桌；左是书室，中置一大书架。后造中为卧室，有大衣橱；右为储藏室，有大铁箱；左为娱乐室，有大钢琴（如下图）。某君的妻性好音乐，每晚奏琴，非深夜不睡。某君要想把书室娱乐室易位，卧室同储藏室易位，这样一来，可使卧室同娱乐室相隔较远，以免琴声妨碍他的睡眠。但橱箱等都很庞大，室外又遍植蔬果，若搬出室外，必致践踏受损，且室小不能同时容二物，于是只能把这五物在六室中互移，要使琴同架易，橱同箱易，最简捷的方法怎样？

架		桌
琴	橱	箱

（23）巧移方木——某君戏制一方形木匣，每边四寸，高一寸。另制每边一寸的正立方木块十五枚，分刻 1 至 15 的十五种数字，依图 1 的次序排列在匣里。在右下角留有空处，利用它可以推移旁边的木块来填补，这样挤来挤去，木块不得拿出匣外，要调成图 2 的形式，当用何法？

1	5	9	13
2	6	10	15
3	7	11	14
4	8	12	

图 1

4	3	2	1
8	7	6	5
12	11	10	9
	15	14	13

图 2

分析问题

—平分三角—

    关于解决实际问题,最常遇的情形固然是有了已知条件去求适当的结论,但也有许多是早得了结论而要求这结论是否真确的。遇到这样的问题,应该研究这结论的成立,先要有哪些个条件?再就这每一个条件分别研究,看它们的成立又各要有哪些个条件?这样条分缕析,次第逆推,直到同已知的条件或真理符合而止。这种"分析"的方法,在普通的几何证明题中,是一步必经的手续。学过初等几何的同学们应该没有一个不知道的。

    要计划一件事情的怎样做法,在规定条件之下,不妨先把做得的结果预定,就这预定的结果来加以分析,研究要使这结果合于已知的规定条件,应先具备什么条件。一层一层地推,直到找得简单易做的初步做法为止。于是从这初步做法着手,有条不紊地把这事逐步做到完成。几何作图题的分析法,就是最适宜的例子。

下面是一个几何作图问题，现在举出三种不同的解法，以示问题的分析法变化的一斑：

甲乙二农夫要平分一块三角形的田，在这块田的一边上有一个戽水的涵洞，试利用几何作图法，过这涵洞作一直线，把这块田分为二等分。

已知△ABC，又BC边上有一已知点D。

求过D作一直线，平分△ABC。

〔第一法〕分析：（1）假定DE是所求的直线，则依规定条件，知

$$\triangle EBD = \frac{1}{2}\triangle ABC。$$

（2）面积作图题的分析，常是从已知的直线设法求未知的直线。现在△ABC的底$BC=a$，高$AF=h$，都是已知直线，又△EBD的底$BD=d$，也是已知直线，设法求它的高就得。

（3）设△EBD的高，则由三角形求积的定理，知

$$\triangle EBD = \frac{1}{2}dx，\quad \triangle ABC = \frac{1}{2}ah$$

（4）以（3）代入（1），得 $\frac{1}{2}dx = \frac{1}{2}\times\frac{1}{2}ah$ 。

化简，得 $\qquad\qquad 2dx = ah$ 。

化为比例式，得 $\qquad\qquad 2d:a = h:x$ 。

（5）由（4），知道x的长是简单易求的，只须利用求第四比例项的基本作图法就得。于是得全部作法如下：

作法：（1）求 $2d$，a，h 的第四比例项 x。

（2）从 B 作 BC 的垂线，在这线上取 $BH = x$，过 H 作 BC 的平行线，交 AB 于 E。

（3）连 DE，就是所求的直线。

〔第二法〕分析：（1）假定 DE 是所求的直线，则依题意知 $\triangle ABC : EBD = 2 : 1$。

（2）因 $\angle B = \angle B$，在 $\triangle ABC$ 中，夹 $\angle B$ 的二边 $BC = a$ $AB = c$ 都是已知直线；在 $\triangle EBD$ 中，夹 $\angle B$ 的一边 $BD = d$，也是已知直线，设法求夹 $\angle B$ 的另一边就得。

（3）设在 $\triangle EBD$ 中，夹 $\angle B$ 的另一边 BE 是 x，则由定理"一角相等的两三角形之比，等于夹等角的二边相乘积之比"，得：

$$\triangle ABC : EBD = ac : dx。$$

（4）比较（1）（3），知 $ac : dx = 2 : 1$。

化为等积式，得 $\qquad 2dx = ac。$

仍化为比例式，得 $\qquad 2d : a = c : x。$

（5）故仍可用基本方法求第四比例项 x 的长。作法从略。

〔第三法〕分析：（1）假定 DE 是所求的直线，则

$$\triangle EBD = \frac{1}{2} ABC。$$

（2）作 $\triangle DAB$ 的中线 DF，则由定理"三角形的中线平分面积"，知 $\triangle DBF = \frac{1}{2} \triangle DAB$。

（3）由（1）减去（2），得 $\triangle DEF = \frac{1}{2} \triangle DAC$。

（4）仿（2），作△ DAC 的中线 DG，则△ $DCG=$ $\frac{1}{2}$ △ DAC。

（5）比较（3）（4），得△ $DEF=$ △ DCG。

（6）△ DCG 的底 $CG=a$，高 $DK=b$，都是已知的直线；△ DEF 的高 $DH=c$，也是已知直线，设法求其底就得。

（7）设△ DEF 的底 $EF=x$，则

$$\triangle DEF = \frac{1}{2}cx, \quad \triangle DCG = \frac{1}{2}ab$$

（8）以（7）代入（5），得 $\frac{1}{2}cx = \frac{1}{2}ab$。

化简，得 $$cx = ab$$

化为比例式，得 $$c:a=b:x$$

（9）用基本作图法求 x 的长，即可确定 E 点。

益智谜

（24）掘洞难题——某君到郊外去散步，看见一个工人在地上掘洞，就问他说：这个洞要掘到多少深呢？"工人说："我身长五尺，这时候的深不及我的身长，我要继续掘下去，续掘的深二倍于已掘的深，现在我的头露出于地面，掘成后将没于地面下，而彼时头顶与地面的距离，二倍于此时头顶高出于地面的距离。"某君听了莫名其妙，这个洞掘成后共深多少，要来请教诸位。

退一步着想

—等积变形—

　　人们思索一个问题，能退一步着想，又能进一层研究，这样就进退自如，思路易于向外拓展，解决问题也自然事半功倍。否则，一味勇往直前，就不免碰壁，或误入歧途，结果要失败的。所谓退一步着想，普通不外下面的二种：一是因为题目的条件太苛，欲谋全部适合，实感无从下手，不妨退后一步，先就大部分条件谋得解决，再设法使更能适合另外的条件，到全部条件都能适合为止，这是"逐步凑合"的方法。问题的条件愈少，当然愈容易解决，所以这个方法实在就是把一个繁复的问题化作数个简单的问题。另一是题目的条件泛指着普遍的情形，感觉到漫无标准，那么退一步想，先就特殊情形求得答案，再设法推广，使更能适用于普遍情形，这是"由特殊推及普遍"的方法。我们应该知道，解决特殊情形的问题，比解决普遍情形的要便利得多，譬如要找一件东西，没有记号又没有一定的范围，到处乱找，当然不容易找到；若是一件有特殊记号的东西，已经知道它是在某一所屋里，甚至是在某一张桌子里，这时要找它出来，真是易如反掌了。

在几何学里面，"退一步着想"实在是一种极重要的思索方法。前述"平分三角形"的作图题，若利用这种方法，又可寻得许多种新的解法。为证实上述的理论计，现在把这个问题的另外四种解法记述如下。

已知 △ABC，又在 BC 边上有一已知点 D。

求过 D 作一直线，平分 △ABC。

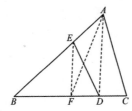

〔第一法〕研究：（1）若 BC 边上的已知点是中点 F，则过 F 作一直线平分 △ABC，只须连 AF 就得（△的中线平分面积）。

（2）由（1），$\triangle AFC = \dfrac{1}{2} \triangle ABC$，故欲适合题中的条件，须设法过 D 作一直线 DE，使四边形 ACDE =△AFC。

（3）因四边形 ACDE 与 △AFC 有一部分 △ACD 公用，故欲适合（2），只须作 △ADE =△ADF 就得。

（4）若 EF//AD，则 △ADE =△ADF（因二△同以 AD 为底，且同以二平行线 EF，AD 间的距离为高，同底等高的二△等积）。

作法：（1）取 BC 的中点 F，连 AF，AD。

（2）过 F 作 EF//AD，交 AB 于 E。

（3）连 DE，就是所求的直线。

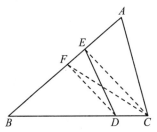

〔第二法〕研究：（1）若 BC 边上的已知点是端点 C，则过 C 作一直线平分△ ABC，只须作中线 CF 就得。

（2）由（1），$\triangle FBC = \dfrac{1}{2}\triangle ABC$，故欲适合题中的条件，须设法过 D 作 DE，使 $\triangle EBD = \triangle FBC$。

（3）因△ EBD 与△ FBC 有一部分△ FBD 公用，故欲适合（2），只须作 $\triangle EFD = \triangle CFD$ 就得。

（4）若 $CE/\!/DF$，则 $\triangle EFD = \triangle CFD$（参阅第一法，这是等积变形的基本作图法）。

作法：（1）取 AB 的中点 F，连 CF，DF。

（2）过 C 作 $CE/\!/DF$，交 AB 于 E。

（3）连 DE，就是所求的直线。

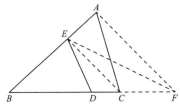

〔第三法〕研究：（1）若 BC 边上的已知点 D 能做另一三角形一边的中点，而这另一三角形同原三角形有∠ B 公用，则仿第一法，只须从 D 连这三角形的相对顶点就得。

（2）欲达到（1）的目的，须延长 BC 到 F，使 $BD=DF$，再用等积变形法，变△ ABC 为等积的△ EBF。

作法：（1）延长 BC 到 F，使 BD = DF。

（2）连 AF，过 C 作 EC∥AF，交 AB 于 E。

（3）连 DE，就是所求的直线。

〔第四法〕研究：（1）若 BC 边上的已知点 D 能做另一三角形的顶点，且这另一三角形同原三角形有 ∠B 公用，则仿第二法，只须过 D 作这三角形的中线就得。

（2）欲达到（1）的目的，须设法用等积变形法，变 △ABC 为等积的另一 △FBD。

作法：（1）连 AD，过 C 作 CF∥DA，交 BA 的延长线于 F，连 DF。

（2）取 BF 的中点 E。

（3）连 DE，就是所求的直线。

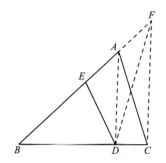

益智谜

（25）货车调位——某铁道的干路上，在 a，b 间筑了二条支路，会合在 c 处，以备停放车辆或调车之用。有一次，在左支路的中间 d 处停一货车 P，右支路的中间 e 处停一货车 Q，干路上 a，b 间的 f 处有一机关车 R。现在为便利卸货计，要

想用 R 去带动 P 和 Q，使它们的位置对调，你能代它们想一个最便捷的方法吗？不过要知道 c 处的轨道很短，不能同时容留二辆货车的。

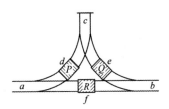

归并类化

—百鸡百钱—

　　我们新遇的问题，往往可以拿已知的问题的解法来解答的，我们碰到这一类的问题，就可以灵活地运用已知的问题的解法来解答新遇的问题，不必另起炉灶。这种"归并类化"的方法，可以省去不少我们解题的时间，是研究科学的人应该熟稔的。

　　譬如在前述的二篇中，我们已经知道了"过边上一点作直线平分三角形"的七种解法，假使遇到一个新问题："过四边形的一顶点，求作一直线，平分这四边形。"如图，四边形 $ABDE$，求过 D 作一直线平分这形。我们先想：若 BD 和 DE 接成了一直线，那么四边形 $ABDE$ 就成了一个三角形，D 是一边上的已知点，于是我们就可以把这个问题的解法归并到前述的那个问题里面去。初步的作法是利用等积变形法，作 $EC /\!/ AD$，交 BD 的延长线于 C。再照前题从 D 作直线平分 $\triangle ABC$，至少有七种不同的作法。

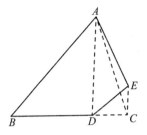

　　和尚吃馒头的问题，我想是大家都知道的。"和尚一百人，吃馒头一百个，大和尚每人吃三个，小和尚三人合吃一个，问大小和尚各几人？"它的解法是仿鸡兔问题，假定 100 人全是大和尚，应共吃馒头 $100 \times 3 = 300$ 个，但现在少了 $300-100=200$ 个，因有一小和尚便少吃馒头 $3 - \dfrac{1}{3} = 2\dfrac{2}{3}$ 个，所以共有小和尚 $200 \div 2\dfrac{2}{3} = 75$ 人，大和尚 $100-75=25$ 人。

　　假如我们又碰到这样一个问题："一百文钱买一百只鸡，公鸡每只值五文，母鸡每只值三文，小鸡三只值一文，问三种鸡各几只？"一看就知道不能仿鸡兔类的问题解，那么必须要另立解法了。但是在载着这个问题的《张丘建算经》中说："公鸡增四，母鸡减七，小鸡增三。"除此以外，并没有提及它的解法，我们仔细一研究，知道这百鸡的问题，原来还是可以归并到和尚吃馒头的问题中去，再根据这十二字增减而得答案。这是什么缘故呢？看了下面的记述，自然会得明了。

　　和尚吃馒头是二种物的混合题，百鸡问题是三种物的混合题，把百鸡题中的三种鸡之一假定作没有，岂非就成了二种物的混合题，同和尚吃馒头完全一样吗？现在来试一试，改百鸡题为"一百文钱买一百只鸡，母鸡每只值三文，小鸡三只值一文，问母鸡小鸡各几只？"这同和尚吃馒头的问题非但类似，连数目都一样。依样画葫芦，立刻可求得母鸡是 25 只，小鸡是 75 只。最后根据《张丘建算经》的话，分别增减，先得第一答："公鸡 0+4=4 只，母鸡 25－7=18 只；小鸡 75+3=78 只。"依题验算，完全无误。若继续增减，又可得第二答："公鸡 4+4=8 只；母鸡 18－7=11 只；小鸡 78+3=81 只。"第三答："公鸡 8+4=12 只；母鸡 11－7=4 只；小鸡 81+3=84 只。"分别验算，都无错误。若再增减，母鸡数要成负数，当然是不合理的，所以没有第四答了。

为什么经过了这样的增减，就得到了答案呢？研究一下，知道公鸡增四，值钱二十文；小鸡增三，值钱一文；增加的鸡共计七只，值钱共计二十一文；同时，减少的母鸡也是七只，值钱也是二十一文。增加的数和减少的数双方恰可相抵。从此知道原来一百只鸡值钱一百文，经过增减后仍是一百只鸡，仍值钱一百文。

那么这增减的数是怎样知道的呢？《张丘建算经》中并没有交代明白，我们可用代数 x 的方法把它们求出来。

设公鸡增 x 只，母鸡减 y 只，小鸡增 z 只，增减的鸡数恰可相抵，且增减的钱数也恰巧相抵。则得方程式

$$\begin{cases} x+z=y\cdots\cdots\cdots\cdots\cdots\cdots\cdots\cdots(1) \\ 5x+\dfrac{1}{3}z=3y\cdots\cdots\cdots\cdots\cdots\cdots\cdots(2) \end{cases}$$

$(2)\times(3)$ $15x+z=9y$ $(1)\times15$ $15x+15z=15y$

$(1)\times 1$ $\underline{\ \ x+z=\ y\ }(-$ $(2)\times 3$ $\underline{15x+\ \ z=\ 9y\ }(-$

$14x\ \ \ =8y$, $14z=\ 6y$,

$7x\ \ \ =4y$, $7z=\ 3y$,

$x:y\ \ =4:7$。 $y:z=\ 7:3$。

$$x:y:z=4:7:3。$$

这 x，y，z 的数值，本来可以不限定是 4，7，3，只要它们能成这样的速比就得。譬如用它们的 2 倍，即 8，14，6 在开头求得的 0，25，75 三数上增减可径得第二答；用三倍的 12，21，9 增减，可径得第三答。

益智谜

（26）百卵百钱——百文钱买蛋一百个，鹅蛋每个值五文，鸭蛋每个值三文，鸡蛋二个值一文，问三种蛋各几个？

（27）棋分黑白——取黑白棋子各三粒，排成一行，使白子在一端，黑子在另一端。今取每相邻二子移动三次，变为黑白相间。但中途不得有空四子的位置，最后须连续不空。现在把移动的方法举示如下：

原　　　　式　　　○○○●●●
第一次移动后成　　　○●●●○○
第二次移动后成　　○●●　　○○
第三次移动后成　　●○●○●○

若自左端起向右数得的第一粒称左 1，第二粒称左 2，……自右端数起时改称右 1，右 2，……则上举的三次动法可记述为（一）左 1，2；（二）左 4，5；（三）左 1，2。问黑白棋子各四粒（须移动四次）或多于四粒时，移动的方法怎样？

（28）列杖成方——某百货公司布置橱窗，要用八根二尺长的手杖和四根一尺长的手杖列成一尺见方的许多小正方形。但手杖须完全附着于橱板，即长的手杖不能交叉搁起。该公司悬赏请顾客代为设法，能够排成的赠手杖一根以作奖品。读者请来一试，有得奖的希望否。

推陈出新

—勾股容圆—

　　前面我们谈到把新遇到的问题归并为已知的问题，现在我们进一步来谈谈由已知的问题推知新问题。就研究的效果说，归并类化的方法不过是做了一番整理工夫。

　　从已知的问题推知新问题可不是这样，因为这个方法是推陈出新，在研究上又往前进了一步，所以它就更加可贵了。就数学的范围说，人类最初的计算方法，仅有极简单的整数加减法，后来遇到了许多相同的数累加，觉得很麻烦，于是发生新的问题："有没有简便的方法来代替许多相同数的累加呢？"因此发明了乘法。再由一数累减许多相同的数，也因同样的需要而发明了除法。以后，为了被除数小于除数而发明分数；被减数小于减数而发明负数；定开方不尽的数为根数；负数的平方根为虚数……由于一连串的新问题，才有一连串的新发明。数学有今日之进步，岂不是全靠着"推陈出新"而来吗？

前面曾经讲过一个平分三角形的问题，读者能加以推广吗？在这里，我们不妨来一次自我测验。试试看，把这三角形分成三等分可以吗？四等分、五等分……可以吗？从四边形的顶点作直线平分这形，或把它分作三等分、四等分……可以吗？这一个点在四边形的边上便怎样？从任何多边形的顶点或边上的点作直线，把它分作任何等分都可以吗？

下面另举一个几何的例子，可以作为参考的资料。

学过初等平面几何的同学，大概都知道这么一个问题："直角三角形（勾股形）的内切圆直径（$2r$ 或 d），等于从二直角边（勾 a 和股 b）的和，减去斜边（弦 c）。"它的证法早经熟谙，这里作一个简略的复述。

因为 $CEOD$ 是正方形，故
$$OD + OE = DC + EC = BC - BD + AC - AE$$
$$= BC - BF + AC - AF = BC + AC - AB。$$

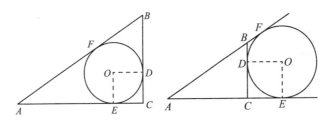

即 $$d = a + b - c。$$

加以推广，换了一直角边外的旁切圆便怎样呢？

因 $$AE = AF = AC + CD = AB + BD = \frac{1}{2}(a + b + c)$$

又 $$r = CE = AE - AC = \frac{1}{2}(a + b + c) - b = \frac{1}{2}(a - b + c)$$

故 $$d = a + b - c。$$

在斜边外的旁切圆，它的直径是怎样的？

因　$OD + OE = CD + CE = BC + BD + AC + AE$

$\qquad = BC + BF + AC + AF = BC + AC + AB$,

故　　　　　　　　$d = a + b + c$

中心在一直角边上而切于其他二边的圆，它的直径怎样？

因　$AD = AC = b$，$BD = AB - AD = AB - AC = c - b$，

故 △$ABC = $△$AOD + BOD + AOC = \dfrac{1}{2}br + \dfrac{1}{2}(c-b)r + \dfrac{1}{2}br$

$\qquad = \dfrac{1}{2}cr + \dfrac{1}{2}br = \dfrac{1}{2}(c+b)r$

但　　　　　　$\triangle ABC = \dfrac{1}{2}ab$，

故　　　　　　$(c+b)r = ab$。

即　　　　　　　　$d = \dfrac{2ab}{c+b}$。

中心在一直角边的延长线上而切于其他二边的圆，它的直径怎样？

因　$BD = BC = a$，$AD = AB + BD = c + a$，

故 △$ABC = $△$AOD - BOD - BOC = \dfrac{1}{2}(c+a)r - \dfrac{1}{2}ar - \dfrac{1}{2}ar$

$\qquad = \dfrac{1}{2}cr - \dfrac{1}{2}ar = \dfrac{1}{2}(c-a)r$

但　　　　　　$\triangle ABC = \dfrac{1}{2}ab$，

故　　　　　　$(c-b)r = ab$。

即　　　　　　　　$d = \dfrac{2ab}{c-b}$。

最后，换了普通的三角形，能否求得它的内切圆及旁切圆的直径呢？

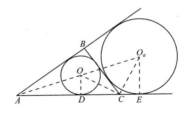

设内切圆的半径 $OD = r$，旁切圆的半径 $O_aE = r_a$，因 $\angle OCD = \angle OCB = 90° - \angle BCO_a = 90° - \angle ECO_a = \angle CO_aE$，

得 $\triangle ODC \backsim O_aEC$。

故 $OD : CD = CE : O_aE$。

设 $a + b + c = 2s$，则 $AE = s$，$AD = s - a$，$CE = s - b$，$CD = s - c$。

代入前式，得 $r : s - c = s - b : r_a$ ························（1）。

仿上法，可证 $OD : AD = O_aE : AE$，

仍以前设代得 $r : s - a = r_a : s$ ························（2）。

（1）（2）相乘，得 $r^2 : (s-a)(s-c) = (s-b) : s$。

故 $r = \sqrt{\dfrac{(s-a)(s-b)(s-c)}{s}}$。

又由（2），得 $r_a = \dfrac{8}{s-a} \cdot r$，

以上式代入，得 $r_a = \sqrt{\dfrac{s(s-b)(s-c)}{s-a}}$。

因为直径 $d = 2r$，$d_a = 2r_a$，所以不必另立公式了。

益智谜

（29）智猜帽色——有甲、乙、丙三人顺次列队，甲面向

前方，乙向着甲的背，丙又向着乙的背。另有一人取红帽二只、蓝帽三只，在其中取出三只，分别戴在甲、乙、看三人的头上。这人叫甲、乙、丙各猜自己头上的帽色，未猜之前只许看前面的人的帽子，但不准回头看。丙先看了一看甲乙二人的帽子，猜不出自己头上的帽色，接着乙看了甲的帽子，也说猜不出自己的帽色。最后甲就说："我的帽子是蓝的。"一看果然不错。请问甲是怎样猜出来的？

（30）火里逃生——王君偕其妻及二子赁居于高楼，楼下居民丛杂，如遇火警，极为危险。为未雨绸缪计，在楼窗外装一大滑轮，轮上悬绳，两端各系一篮，绳长同楼高相仿，二篮载重不均时，重的能自由降下，达于地面，同时轻的上升而恰抵窗口，以备万一出事，可跨入篮中，由此下地。某夜果遇失火，等到发觉楼梯已断，王君等急欲入篮逃生，但二篮所载重量相差不得过三十斤。已知王君体重九十斤，王妻是大胖子，重二百一十斤，长子重六十斤，幼子重三十斤，今欲下地，问最快捷的方法是怎样？

（31）十友聚饮——知友十人，预约每日公毕，同到酒店小饮，轮流作东。饮时对坐在大餐桌的两侧，每侧五人，规定每人须敬同侧的人各一杯，并自陪一杯。饮毕付账，第一天由某甲作东，计付款一千元（纯系酒价）。次日轮乙作东，携款千元赴约，入席时一侧误坐六人，他侧四人，初未觉察。等到依向例饮毕付账，某乙大窘。幸而向友人借到了若干元，才算把账付清。请问什么缘故？

（32）鼠嚼票据——某布号向外埠厂家批到绒布二百七十四匹，附来发票一纸，途中被鼠嚼去一块，每匹价值几元，共计几万几千五百八十元，已无从稽考。但因急于应市，不及探询，拟请读者设法算出。但已知每匹价格在二千元至二千五百元之间。

适应环境

—巧分四角—

　　我们知道了一个问题的解法，不是把它死记了便算完事。要知道环境的变迁能影响到问题的解答，为适应环境计，有时不得不把那原来的解法加以活用。总之，解答一个问题要就事实来考验，随环境而转移，它的方法不是一成不变的。

　　这里有一个几何作图题："从四边形（ABCD）的一边（BC）上的一已知点（E），求作二直线，把这四边形分成三等分。"我们可用等积变形法，先如图 1，作 EA，ED 的平行线，各交 DA，AD 的延长线于 F，G，变四边形 ABCD 为等积的 △EFG。再三等分 FG 于 H，K，连 EH，EK 就得。

图 1

图 2

在另一环境下，如图 2，依前法分 *FG* 为三等分后，就事实一考验，知道 *EH* 虽是所求的直线，但 *K* 点不在 *AD* 边上，*EK* 就不是所求的直线了。要适应这一个环境，应该设法在 *CD* 边上另求一点才对。于是作 *HL∥ED*，交 *CD* 的延长线于 *L*，变四边形 *ECDH* 为等积的 △*ECL*。再平分 *CL* 于 *M*，连 *EM* 就得。

再换一个环境，如图 3，仍依前法分 *FG* 为三等分，在事实上 *H*，*K* 二点都不在 *AD* 边上，这作法竟全归无效。于是设法在 *AB*、*CD* 二边上各求一点而得所求的线。因

$$\triangle DEG = \quad DEC,$$

图 3

故 △*AEG* 同四边形 *AECD* 等积。于是作 *GL∥EA*，交 *BA* 的延长线于 *L*，变 △*AEG* 为等积的 △*AEL*，同四边形 *AECD* 也是等积，故 △*BEL* 同四边形 *ABCD* 等积。再三等分 *BL* 于 *M*，*N*，得所求的一直线 *EM*。因 *N* 不在四边形的任一边上，当然无用。又因

$$\triangle EGH= \frac{2}{3} \triangle EGF= \frac{2}{3} 四边形 ABCD= 五边形 AMECD$$

两边各减去 △*DEG*= △*DEC*，得 △*HED*= 四边形 *AMED*。于是作 *HP∥ED*，交 *CD* 的延长线于 *P*，变 △*HED* 为等积的 △*PED*，同四边形 *AMED* 也是等积，故 △*PEC* 同五边形 *AMECD* 等积。最后，平分 *CP* 于 *Q*，得所求的第二直线 *EQ*。

有时一个问题用常法求得答案后，因为被事实所限制，环境所不许，答案往往无用。这时若能把这不合用的答案加以合理的解释，或适当的处置，不一定是终归无用的。例如在代数中用方程式解应用问题得了负根，若这所求数有相反的意义，则用它的相反意义来解释负根，仍旧是合理的。下面再举一个特殊的例子，以示一斑。

　　前述百鸡的问题，若假定没有母鸡，则"一百文钱买一百只鸡，公鸡每只值五文，小鸡三只值一文，问二种鸡各几只？"可先假定一百只全是公鸡，应值钱 $5 \times 100 = 500$ 文，现在少去了 $500 - 100 = 400$ 文，是为了还有小鸡的缘故。若有小鸡一只，价值应少 $5 - \dfrac{1}{3} = 4\dfrac{2}{3}$ 文，所以共有小鸡 $400 \div 4\dfrac{2}{3} = 85\dfrac{5}{7}$ 只，公鸡 $100 - 85\dfrac{5}{7} = 14\dfrac{2}{7}$ 只。就事实一考验，鸡的只数决不能是分数，这答案岂非是不合理吗？但是这不难设法补救的。因为这原是假定的数，应该用等于 $4:7:3$ 的三个数来增减才是。三个数的连比能成 $4:7:3$ 的，不论整数或分数，种数多到无穷。要使前得三种鸡的只数——顺次是 $14\dfrac{2}{7}$，0，$85\dfrac{5}{7}$ ——经增减后得整数，只要用 $4:7:3$ 的 $\dfrac{1}{7}$ 就好了。试验一下，用 $\dfrac{4}{7}$，$\dfrac{7}{7}$，$\dfrac{3}{7}$ 增减（因母鸡数原是 0，只能增，不能减，故反前法，改增为减，改减为增），连续四次而都成整数，现在为便利计，可用 $4:7:3$ 的 $\dfrac{4}{7}$，增减，仅一次就得公鸡 $14\dfrac{2}{7} - 2\dfrac{2}{7} = 12$ 只；母鸡 $0+4=4$ 只；小鸡 $85\dfrac{5}{7} - 1\dfrac{5}{7} = 84$ 只。这是一种正确合理的答案，再继续用 4，7，3 三数增减，可得其他的二种答案。

益智谜

（33）挂灯结彩——庆祝胜利的一天，某处路口扎一彩牌。用鲜花松柏同缀有电灯的电线组成彩绳，交叉连结，成方圆三角诸形。彩绳所经的路，如图黑线所示。因绳长仅足敷用，故线路不许重复。又因电路必须流通，故不许剪断缀续，结牌时工人颇费踌躇，这绳应以何处为起点，何处为终点，要请富于巧思的人来指示他。

（34）家族渡河——某家有夫妇二人同二个儿子，带了一只狗出外，要渡过一河。渡口有一载重一百斤的小船。夫妇二人各重一百斤，二子各重五十斤，狗的重不满五十斤。当时夫命妇先渡，但到彼岸后没有人把船送回，于是重行回来，另想别法。因为无处觅舟子，又都不会游泳，心里非常焦急。要请诸位代为设法。

（35）兄弟论年——兄弟二人闲谈，兄对弟说："六年前我们两人年纪的和已满一百岁了。"弟说："不错，我记得从前你的年纪是我的三倍时，你恰巧同我现在的年纪相同。"兄笑着说道："这话给人家听了，一定不会知道我们现在的年纪的。"问兄几岁，弟几岁？

深入浅出

—零的漫谈—

高深的数理，往往是一时难于了解的，但是我们假如能够用浅显的事实来说明，那就容易明了。举一个简单的例子，在算术中有一条分配定律："用一数去乘二数的和或差，等于用这数分别乘二数，再求这二个积的和或差。"用公式表示，就是

$$(a+b)c = ac+bc \quad \cdots\cdots\cdots\cdots (1),$$
$$(a-b)c = ac-bc \quad \cdots\cdots\cdots\cdots (2)。$$

假定有一个问题："兄每月赚 50 元，弟每月赚 30 元，问一年内二人共赚几元？又，一年内兄比弟多赚几元？"求共赚的元数有二种算法：第一种先求一月内二人共赚 50+30=80 元，于是知一年内共赚 80×12=960 元。第二种先分别求各人在一年内所赚的，兄是 50×12=600 元，弟是 30×12=360 元，于是知一年内二人共赚 600+360=960 元。由此可以断定这二种算法所列的算式一定是相等的，即

$$(50+30) \times 12 = 50 \times 12 + 30 \times 12。$$

同分配定律的公式（1）不是完全一样吗？若求兄比弟多赚的元数，也有二种算法，分配定律的公式（2）同样可以说明了。

繁复的理论，往往是不容易记忆的，但是你能够用浅显的事例来作比喻，自然可以牢记不忘了。譬如在算术中有一条倍数的原则："甲数是乙数的倍数时，甲数的倍数也做乙数的倍数。"作一个比喻：有老大、老二、老三兄弟三人，老二是老三的哥哥，那么老二的哥哥——老大——也做老三的哥哥，这样一来，他们相互间的关系不是非常明显吗？

上述的"深入浅出"的方法，是研究科学的人都应该熟谙的。这里再举一个例子，借此引起你的学习兴趣。

初学数学的人对于"零"的计算常会搞不清楚的，尤其是关于零的除法，简直觉得玄妙不可思议。其实用下面的事例来作说明，也就不难彻底明白了。

假定张三有十元钱，李四没有钱，李四假作慷慨，把钱全部送给张三，那张三仍旧只有十元钱。若张三可怜李四没有钱，大发慈悲，把所有的钱都给了他，那李四就有了十元了。若张三、李四是一对穷光蛋，身边都不名一钱，还在假装客气，那不论张三的给了李四，李四的给了张三，大家还是不名一钱。这是关于零的加法，可列算式如下：

10元 +0元 =10元，0元 +10元 =10元，0元 +0元 =0元

你若是原有十元钱，想去买物没有买成，结果还是十元。你原来没有钱，想买价值十元的某物，当然买不成，但是向人借了十元债，就买成了，结果负了十元债，得的是一个负数。你原来没有钱，想去买东西没有买，结果仍旧是没有钱，这是关于零的减法，得算式

10元 – 0元 =10元，0元 – 10元 = -10元，0元 – 0元 =0元

王老二做一天工可得工资十元，忽然生了病，这一天他没有去做工，他的工资当然是拿不到的。假使他病了十天，这十天内一天也没有拿到工资，结果就完全没有工资了。每天拿不到工资，又是一天也没有做，当然是没有工资。这是零的乘法，可列算式

10元 ×0=10元，0元 ×10=0元，0元 ×0=0元

父亲每天带回家来一大包糖，平均分给十个孩子，某一天忘记了买，空着手回来，十个孩子只好空咽着唾沫，一粒糖也不能到嘴。这是被除数等于0的除法，算式是

0粒 ÷10=0粒

前面讲过的张三和李四身边都找不出一元钱来，但是他们却在自得其乐，互开玩笑。张三对李四说："我的钱是你的十倍。"李四对张三说："我的钱是你的二十倍。"你想哪一个说得对？其实都是对的，因为0元的十倍仍是0元，0元的二十倍也是0元，不论你算作是多少倍，都讲得通。这不论多少的数叫作"不定"，可以用记号$\frac{0}{0}$来表示，这是被除数和除数都是零的除法，算式是

$$0元 ÷ 0元 = \frac{0}{0}$$

除数等于零的除法是怎样呢？你也能够举一个实例吗？要解决这一个问题，却没有像前面那样的简单。现在先列一个以零除一的竖式，以备研究：

$$0\sqrt{1} \quad 。$$

假定商数是1，拿这1乘除数0，得0，从被除数1内减去，余下1；改商2，以2乘0仍得0，减得余数仍是1；改商3，……还是余1。总之，无论商是几，结果都余1，这除法当然是无法可做，这问题也就求不到答数了。

在近代的数学中，差不多每一个问题都是有答案的，不过有一些问题求到答数后不合实用，有些求到答数后要加以适当的解释。这除数是零的除法，决不能说是"不可能"，应该有答数，或是可解释的。诸位若是不信，请看下举的事例：

在抗战以前，拿一元钱可买米一斗，这时一石米值十元；后来物价逐渐高涨，一元钱只好买一升米了，这时一石米就要值到一百元；通货不断地恶性膨胀，物价也无尽期地上升，等到一元钱只能买一合米的时候，每一石要值一千元了；一元钱只能买一勺米时，一石要值一万元了……当时人们害怕，要是一直这样下去，终有这么一天，一元钱只能买到一万万万分之一勺的米，这时一石的米价将要大到怎样呢？你能想象得到吗？现在先用算式表示如下，然后再来加以研究。

$$1 \text{石} \div 0.1 \text{石} = 10 \text{（元）}, \quad 1 \div 0.01 = 100 \text{（单位略）},$$
$$1 \div 0.001 = 1000, \quad 1 \div 0.0001 = 10000, \cdots\cdots$$
$$1 \div 0.\underbrace{00\cdots\cdots001}_{\text{一万万位}} = 1\underbrace{000\cdots\cdots}_{\text{一万万个0}}$$

在上面依次推得的最后一式，右边的数是在 1 字后面紧跟着一万万个 0，这数你能读得出吗？我想你一定会读，可是当真要读给我听却办不到。为什么呢？因为 1 字后面跟着四个 0 是一万，跟着八个 0 是一万万，以后每增四个 0 就要多读一个"万"，现在有一万万个"0"，就要在"一"字下连读二千五百万个"万"。二千五百万这个数目，你从前也许常时听见，常时挂在嘴边的吧，你在解放以前不是经历过吗？买起东西来，总是几百万元、几千万元的，似乎算不得什么稀罕，但是你要连读二千五百万个"万"字，却不是一件容易的事。假定你读得很快，一秒钟能读十个"万"字，一共也要费掉二百五十万秒，你就是整晚不睡觉，连日连夜读下去，也得要二十九天才读完，你办得到吗？这还不算，假使再推下去，除数有了一万万万位小数，那商数岂不是要有一万万万个 0，那时你要想把它读完，不是要二十九天的一万倍——约八百年——吗？你哪有这样长的寿命？笑话截住，言归正文。照这样看来，除数在十倍、十倍地减小；商数在十倍、十倍地增大；除数减到千千万万位小数的末位才是一个"1"，商数增大到"1"下千千万万位的 0。这时的除数小到几乎没有，差不多是 0 了，好像通货恶性膨胀时期钞票的价值贬到等于废纸一样。但是商数呢，大到不可思议，大到无从说起了，好像堆满了钞票也买不到一粒米一样。于是我们可以这样说：除数是零的，不论被除数是多少，商数是"无穷大"，用记号 ∞ 来表示，列成算式，得 $1 \div 0 = \infty$。

益智谜

（36）渔翁妙语——某渔翁携鱼笼归，有人问："你今天捕到了多少鱼？"渔翁说："我今天捕得无头的六，无尾的九，又八的一半。"问的人瞠目不解，要请诸位代为说明。

（37）工作比赛——杂货商某甲，每分钟能包一斤的糖两包。布商某乙，每分钟能剪一尺长的布三块。有一天，有人拿许多糖叫某甲包成一斤一包共四十八包，又拿四十八尺长的一匹布叫某乙剪成一尺长一块共四十八块。两人同时工作，中途共有九分钟的休息，已知乙的休息时间是甲的十七倍，求这两人比赛的结果。

（38）巧妇分米——甲农入市购米，乙丙二农托他代购，每人八升，甲自己也想购八升，于是带了一只容量二斗四升的器具。买回来以后，乙拿来一只容量一斗三升的器具，丙拿来一只容量一斗一升的器具，三家都没有斗和升，于是无法可分。正踌躇间，甲妻寻得一只能容五升的瓦罐，把米在四只器具中辗转倾倒，经七次而甲、乙、丙的三容器恰巧各贮八升。问此妇怎样倒法？

寻求事物的规律

—秘密号码—

　　宇宙间的事物虽千变万化，但是总依从着一定的规律。科学研究的门类虽多，总括一句，不过是在寻求事物的规律罢了。我们在日常生活中要是能够随处留心的话，就会时常发现这些事物所依从的规律。

　　譬如银行保管库的库门上，普通都装着一种"号码锁"，你曾知道它的用法，研究过它的原理吗？这里面就藏着一种规律，虽然很简单，但是普通人不见得都会去深究的。现在要说明它的原理，应该先略述它的构造。那是用三五个金属的轮，像几块银币般叠在一起的，每一个轮的周缘，依着顺序环列二十六个英文字母，轮心里都做成缺刻，放好锁簧，把它们嵌在门内。使用时先任意定好字母的顺序，譬如 KCU——假定是用三个轮的，这就叫作密码，是保守着秘密的。于是旋转左边第一个轮，使 K 字露在门外的正中，旋第二轮使 C 在正中，旋第三轮使 U 在正中，这时把门阖上，锁簧就锁上了。

接着再把各轮任意旋转，使字母的顺序搅乱就得，开门时不用钥匙，只要旋转各轮，使轮上的字母仍依原先的密码露在正中，再把门钮一旋就开了。

你或许要怀疑，这不是容易被人家偷开吗？其实尽管放心。因为在二十六个字母中间，要取出任意三个字母，作任意的排列，种数多到将近二万，要是不知道密码，你想碰碰运气，怎么会这样凑巧呢？那还只假定用三个轮子，若是用了五个，字母顺序的变化要多到一万万数千万种，这时要想偷开，更是梦想了。

我们来把字母排列的种数研究一下，不是很有趣味吗？要研究这个问题，应先从两个字母的排列开始，我们略一思索，就知道除 AA，BB，CC，$\cdots$ 两个相同字母连成的 26 种外，其余都是两个相异字母连成的。因为用 A 带头，把其余 25 个字母分别配在它的后面，就有 25 种；用 B 带头，把其余 25 个字母配在后面，也有 25 种；C，D，$\cdots$ 带头都是一样，共计有 $26 \times 25 = 650$ 种。这样说来，两个英文字母的排列，把两字母相同的和相异的合并计算，共有 $26 + 650 = 676$ 种。

上述的种数 676，是把两字母相同和相异的分别算出来再合并而得的。实在一并算出来，更觉容易。因为每一个字母的后面可以把连自身在内的 26 个字母配上去，得 26 种，于是 26 个字母可得 $26 \times 26 = 676$ 种。

接着可以研究三个字母的排列。先分下列的三项讨论：

（一）三个字母全同，就是完全重复的，像 AAA，BBB，CCC，$\cdots$ 计有 26 种。

（二）两个字母相同，另一个字母相异，就是有两个字母重复的，在 AA 后面配上其余 25 个字母，可得 25 种；BB 的后面配其余 25 个字母，也得 25 种；CC，DD，$\cdots$ 都是一样，共计可得 $26 \times 25 = 650$ 种。但是这样的字母组每一种还可变换顺序而另得二种；例如 *AAB*，可变换而得 *ABA* 和 *BAA*，于是知道实际共有 $26 \times 25 \times 3 = 1950$ 种。

（三）三个字母完全不同，即完全不重复的，根据前述两个相异字母的排列有 $26 \times 25 = 650$ 种，可以在这样每种的后面，配上除掉这两字母外的 24 个字母。例如在 *AB* 后可配 *C*，*D*，*E*，…24 个字母，得 24 种；*AC* 后可配 *B*，*D*，*E*，…24 个字母，也得 24 种，其余类推。于是知道一共可得 $26 \times 25 \times 24 = 15600$ 种。

综合上述三项，知道三个字母的排列，把有重复字母和没有重复字母的一并计算，共有 $26 + 1950 + 15600 = 17576$ 种。

其实这里也不必分别计算，不论重复和不重复，两个字母的排列既有 $26 \times 26 = 676$ 种，那么每种的后面可以把连已经有的共 26 个字母配上去，得 26 种，一共就有 $26 \times 26 \times 26 = 17576$ 种。

照上面看来，把字母重复和不重复分别计算，相当麻烦，若一并计算，就非常简捷，那么何必要这样不惮辞费，啰嗦了一大套呢？这话固然不错，不过这种排列法的问题，实用上碰到的机会很多，能重复的和不能重复的都有，这里都研究过了，将来解决实际问题，是很有用途的。

到这里，我们把上举的事实推广一下，可以寻求到两个重要的规律，就是下列的两条定理：

【定理一】在若干件（例如 26）东西里取出若干件（例如 3）来，作各种不同顺序的排列，若不能重复，则排列的种数等于若干个连续整数的乘积（例如 $26 \times 25 \times 24$），这连续整数的个数等于取出的件数（例如 3），连续整数中的最大一个等于原有的件数（例如 26）。

【定理二】同上，若可以重复，则排列的种数等于原有件数（例如 26）的乘方（例如 26^3，即 $26 \times 26 \times 26$），这乘方的次数（即指数）等于取出的件数（例如 3）。

有了这两条定理，号码锁有四个或五个轮子时，那字母排列的种数都不难推得了。现在再举一个例，来作本文的结束。

假定你们有兄弟七人，你的父亲每天早晨要在你们七个人里面选出三人整理房间。一人扫地，一人抹桌椅，一人擦窗户，要绝对公平地轮值下去。每天轮到的三人依次变换，工作的种类也依次变换。这样下去，要变化完全须经过几天呢？这就是在七件东西里取出三件，作不同顺序而又不重复的排列问题，它的答案从定理一得 $7 \times 6 \times 5 = 210$；就是在二百一十天内可轮值一周，以后再一遍一遍地轮下去。这数目并不大，你不妨排下一张工作分配轮值表，一试就知道这答案是不错的。

假使你的父亲准许你们一个人兼做两件工作，甚至于一个人把三件工作全部包办下来，那么连原来三个人分别做的都算在里面，要经过几天才变化完全呢？这实在就是在七件东西里取出三件，作不同顺序而可以重复的排列问题。从定理二得 $7 \times 7 \times 7$（即 7^3）$= 343$，要经过三百四十三天才轮完。

以小喻大

—八仙让座—

　　事物的规律不是一想就会完全明白的，通常都要先就简单的研究，再逐渐推到繁复。

　　在数学上，多半从最小的数着手研究，再巧譬善喻地推及一切较大的数。前述号码锁的问题，就是利用这个方法得出了排列法的两条定理。现在为作更进一层的研究计，继续讨论一个有趣味的问题。

　　你们家里逢到请客的时候，不是常见客人推让座位吗？中国人向来是十二分崇尚礼节的，一张八仙桌子，不知什么人把它规定了座位的大小，朝外的一面靠左的是首位，靠右的是二位，左面靠里的是三位，靠外的是四位，……每逢请客，总是你推我让，谁都不肯坐上首位，好像不如此就不足以表示你是一个懂道理的人。其实这是最无谓的虚套。你若是能打破不守时刻的恶习惯，准时赶到，免得人家空着肚子老等，比这样的无谓客套要好得多了。闲话少说，这八仙桌上坐的八个人推

以
小
喻
大

来推去，横调竖调，究竟调得出多少花色呢？我们就来研究一下，这一定是很有趣味的。

这八人调座的花色种数，诸位不妨先作一个约略的估计，我想你总以为不过几十种或几百种吧，岂知大谬不然。原来总计一下，竟有四万零三百二十种之多。倘若不信，请看下文。

从最小的数开始研究，一个人当然无从调位，仅有一种花色。假定有两个座位，a，b 二人调坐，这很简单，不是 a 坐首位，b 坐二位，就是 b 坐首位，a 坐二位，一共不过二种花色。

有了三个座位，a，b，c 三人调坐，花色就多了。若 a 坐定了首位，则 b，c 二人在二、三两个座位上调坐，依上条的讨论，知道有二种花色；同样，b 坐定了首位，a，c 二人调坐，也有二种花色；c 坐了首位仍是一样，一共就有 $2 \times 3 = 6$ 种花色。为了容易明白起见，这里不怕麻烦，再来列下一张表：

首位	a	a	b	b	c	c
二位	b	c	a	c	a	b
三位	c	b	c	a	b	a

一张四仙桌坐了 a，b，c，d 四个人便怎样呢？这不是可以依样画葫芦吗？若 a 坐定了首位，剩下 b，c，d 三人调来调去，有如前的 6 种花色；b 坐定了首位，a，c，d 三人也调得出 6 种花色；c 或 d 坐定了首位也是一样，可见一共有 $6 \times 4 = 24$ 种花色。看下表就明白：

首位	$aaaaaa$	$bbbbbb$	$cccccc$	$ddddd$
二位	$bbccdd$	$aaccdd$	$aabbdd$	$aabbcc$
三位	$cdbdbc$	$cdadac$	$bdadab$	$bcacab$
四位	$dcdbcb$	$dcdaca$	$dbdaba$	$cbcaba$

五个座位坐五个人时，我想诸位一定都会照样列下一张表，算得有 $24 \times 5 = 120$ 种花色。

在这里，我们把上举的几个答案归纳一下，知道调座位的花色种数，两个人是 2 种，三个人是 6 种，四个人是 24 种，五个人是 120 种，这许多答案都是若干连续整数的乘积，就是

$$2 = 1 \times 2$$
$$6 = 1 \times 2 \times 3$$
$$24 = 1 \times 2 \times 3 \times 4$$
$$120 = 1 \times 2 \times 3 \times 4 \times 5$$

以小喻大，就可推得六个人调座位的花色种数，一定是

$$1 \times 2 \times 3 \times 4 \times 5 \times 6 = 720;$$

七个人的种数是 $1 \times 2 \times 3 \times 4 \times 5 \times 6 \times 7 = 5040;$

八个人的种数是 $1 \times 2 \times 3 \times 4 \times 5 \times 6 \times 7 \times 8 = 40320$。

前面说过的答案不是一点也不错吗？

这样说来，八个客人果真你推我让，要让完这 40320 种变化，从今天让到明天也不会成功。换一方面来讲，假使你家共有八个人，一日三餐，每餐都变换坐法，要经过 13440 天才把各种花色变完。一年以 365 日计，差不多要经过 36 年又 10 个月，这数字大得也很可观了。

前篇谈的号码锁问题，推得定理说："从若干件东西里取出若干件来，作各种不同顺序且不重复的排列，它的种数等于原有件数乘以小于它的许多连续整数，这连续整数的个数等于取出的件数。"这八仙桌调座的问题，实际就是把八件东西完全取出来，作不同顺序而又不重复的排列问题。依此计算，得

$$8 \times 7 \times 6 \times 5 \times 4 \times 3 \times 2 \times 1 = 40320,$$

结果与前无异。

关于这一类的排列问题，可根据定理，很呆板地把它计算出来，似乎是简单不过的。其实在实际上遇到的问题，往往包含着一些特别的条件，于是要把上述的解法加以活用，所得

的花色种数较通常减少了许多，下面就举几个特殊的例：

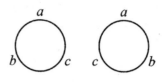

图1

　　若八个人坐的是圆桌，讲定没有什么首位，二位，……这样不论位次，只论各人相互间的顺序，那么坐法的变化应该怎样呢？我们也来从最小的数想起，两个人调坐，原有 2 种花色，若不分首位和二位，则不论依 $a-b$ 或 $b-a$ 的顺序，总是 a 和 b 相对，只能算一种花色。这里的种数是原有种数的 $\frac{1}{2}$。三个人调坐时，原有 6 种花色，若不论依 $a-b-c$ 或 $b-c-a$ 或 $c-a-b$ 的顺序，总是 b 在 a 的右肩，c 在 a 的左肩，只能算作一种花色。其余三种花色也只算一种，共计 2 种花色，如图 1。这种数是原有种数的 $\frac{1}{3}$。四人调坐原有 24 种花色，用圆桌时的 $a-b-c-d$，$b-c-d-a$，$c-d-a-b$ 和 $d-a-b-c$ 四种，只能算一种，其余每四种作一种，共计六种花色，如图 2。这种数是原有种数的 $\frac{1}{4}$。以小喻大，在圆桌上五人调坐时，花色的种数是原有种数的 $\frac{1}{5}$，六人调坐是 $\frac{1}{6}$，……八人调坐是 $\frac{1}{8}$，计有

$$40320 \times \frac{1}{8} = 5040 \text{（种）}$$

图2

若八人里面有一对恩爱的夫妇，他们绝对不肯拆开，定要挨坐在八仙桌的一面，这样的变化种数就只有5760。因为这一对夫妇并坐在朝外的一面，其余六人调坐的花色有 $1 \times 2 \times 3 \times 4 \times 5 \times 6 = 720$ 种，夫妇二人对调了，又是720种；若二人并坐在其他的三面都是一样，所以一共应该有

$$（1 \times 2 \times 3 \times 4 \times 5 \times 6）\times 2 \times 4 = 5760（种）。$$

反过来的话，若八个人里面有两个人是冤家对头，起过誓决不坐在一面，这时候的坐法变化，很简单地知道是 $40320 - 5760 = 34560$ 种，因为在一共的种数40320里面，去掉了二人并坐在一面的5760种，剩下的当然是不在一面的种数了。

若八个人里面夹着一个趣人，他是左手拿筷子的，他同别人坐在一面时，若是坐在别人的右肩，那就不免要和别人的筷子冲突起来，这样一来，他就只能坐在每一面的左首一位。这坐在每面的左首和右首的变化种数，当然是平均的，所以这样坐法的花色，一定有

$$40320 \div 2 = 20160（种）。$$

上述的那些例外情形，实在是很多的。譬如某一个人患了目疾，怕见亮光，必须要朝里坐；八个人里面有了两对夫妇，都要挨在一面坐；……我想读者诸君的数学都有相当根底的，不难逐一把它们算出来，这里不需要我再来饶舌了。

益智谜

（39）十指箕斗——我们每个人手指上的指纹各不相同。假定每人都弄一张指纹表来，把十个指头上的指纹符号或箕斗依次填入。如果填的只是箕和斗，因为个数和排列顺序各人不

同，填成的表跟着两样，那么这变化的种数共有多少呢？全中国五亿多（此为作者写本书时的数据）的人民，平均有多少人指上的箕斗完全相同呢？

（40）教祖先知——相传婆罗门教祖在临终时对他的门徒说："此地有三塔，中塔上有金刚石环六十四枚，在下的最大，自下而上次第减小，左右二塔无环。若把中塔的环全部移置左塔，而大小的顺序不变，此工既竣，世界已大为改观了。但移动时大环不能加在小环的上面，又各环只能从此塔移至彼塔，不能搁置一旁。"问须若干次移毕。

（41）邻翁分马——李某有马十七匹，分给三子，他只说："长子得二分之一，次子得三分之一，幼子得九分之一。"三子无法可分，请教邻家的老翁。老翁就把自己家里的一匹马牵来，合成十八匹，给长子二分之一计九匹，给次子三分之一计六匹，给幼子九分之一计二匹，共给十七匹，牵来的马仍旧牵回，人家都很佩服他。后来王某也有马一百四十三匹，分给三子，只说长子得二分之一，次子得三分之一，幼子得四分之一，子不能分，仍去找邻翁，但翁不在家，要请读者代分。

检讨机会的多寡

—掷状元红—

一件事情能否做得成功，事先不一定是有把握的，我们最好先要检讨一下，成功的机会多呢，还是失败的机会多？假定这件事是非做好不可的，那么不论成功的机会多少，总是要做，但预先知道了成功机会的稀少，可以加倍努力地去做，自然易于成功。假定这件事是可做可不做的，那么成功的机会少的话，简直可以不必去做，以免物质和精神方面的徒然浪费。这机会的多寡要怎样去判定呢？

就拿一种民间的游戏来加以讨论。你们在新年里都喜欢做"掷状元红"的游戏吗？这虽然带着一些封建思想。但是把它的名称和比赛的方式改换一下，业余消遣，也未始不是一种益智游戏。玩这种游戏时，一把握着六颗骰子向碗里一掷，看它们团团乱滚，滚到筋疲力尽，便懒洋洋地躺了下来。依照老法，假使现出的有一颗红色的四，就到手一根叫作"秀才"的筹，有两颗红，就到手一根叫作"举人"的筹，四颗相同的——

"四齐"——到手一根"进士"，三颗红到手一根"翰林"，"不同""分相""合巧"等花色到手一根"半榜"，四颗红到手一根"状元"。碰巧现出五颗六和一颗五，叫作"恨点不到头"，同五颗相同的——"五子"一样，都可到手一根状元筹。这"恨点不到头"缺的一点若到了头，六颗骰子完全是六，就算"全色"，和六颗全是么、全是二、……一样，都不止到手一根状元筹，还可以"抄家"，把别人所得的全部抄了去。假使别人跟着掷出五颗红和一颗五——"火烧梅花"，或是五颗红和一颗另外的点子，都有权把你已经到手的"状元"夺了去，使你空欢喜一场。

玩这种游戏的人，谁都希望得到全色，或是那些特别花色，可是它们却老是躲藏着，不大肯和你见面，你知道它的原因吗？原因是这几种花色出现的机会委实太少了。

要知道六颗骰子滚出全色或那些特别花色的机会的多少，应该先研究六颗骰子滚出来的花色一共有多少种。

你们知道排列法的问题吗？譬如你们组织一个篮球队，在五个人里面选出二个人，一个当队长，一个当副队长，这就是在五件东西里取出二件来，作不同顺序且不重复的排列，方法共有 $5 \times 4 = 20$ 种。若是两个队长不分正副，那就只有 $20 \div 2 = 10$ 种了。因为 $a - b$ 和 $b - a$，$a - c$ 和 $c - a$，$a - d$ 和 $d - a$，……都只好算作一种的缘故。这样只须在若干件东西里取出若干件，不问次序如何，单讲能有几种取法的，叫作"组合法"问题。那么从五件东西里取出三件的组合有几种呢？根据排列法计算，要有 $5 \times 4 \times 3 = 60$ 种，但现在是组合，与次序无关的，$a - b - c$，$a - c - b$，$b - a - c$，$b - c - a$，$c - a - b$，$c - b - a$ 的六种只好算作一种，所以在组合方面就只有 $60 \div 6 = 10$ 种。

在这里有一个附带的小问题，却也相当有趣。为什么五件里取出二件和五件里取出三件的组合都是 10 种呢？我不妨假定有红、黄、蓝、白、黑五种颜色的五颗弹子放在口袋里，你从口袋里摸出二件，那里面就剩下三件，你的摸法有 10 种不同的变化，那口袋里的剩法当然也跟着有 10 种不同的变化。摸和剩本来是就你自己的地位说的，若就弹子说，不过是分成两组，一组在口袋外，一组在口袋内罢了。你假使每次把原先剩的三件摸出，把原先摸的二件剩下，不是仍旧还是 10 种变化吗？

从前面的研究，可以得到一个关系：

$$五中取三的组合 = \frac{五中取三的排列}{三中取三的排列}（都是不重复的）。$$

推广起来，可得从 p 件东西里取出 n 件来的组合的公式

$$p \text{ 中取 } n \text{ 的组合} = \frac{p \text{ 中取 } r \text{ 的排列}}{n \text{ 中取 } r \text{ 的排列}}$$

我们利用上举的公式，顺次可以推得各种取法的组合如下：

四中取一时 $= \dfrac{4}{1} = 4$，

四中取二时 $= \dfrac{4 \times 3}{2 \times 1} = 6$，

四中取三时 $= \dfrac{4 \times 3 \times 2}{3 \times 2 \times 1} = 4$，

四中取四时 $= \dfrac{4 \times 3 \times 2 \times 1}{4 \times 3 \times 2 \times 1} = 1$，

$\cdots\cdots\cdots\cdots\cdots\cdots\cdots\cdots\cdots\cdots\cdots$;

五中取一时 $= \dfrac{5}{1} = 5$，

五中取二时 $= \dfrac{5 \times 4}{2 \times 1} = 10$，

五中取三时 $= \dfrac{5 \times 4 \times 3}{3 \times 2 \times 1} = 10$，

$$五中取四时 = \frac{5 \times 4 \times 3 \times 2}{4 \times 3 \times 2 \times 1} = 5,$$

$$五中取五时 = \frac{5 \times 4 \times 3 \times 2 \times 1}{5 \times 4 \times 3 \times 2 \times 1} = 1,$$

$$\cdots\cdots\cdots\cdots\cdots\cdots\cdots\cdots\cdots;$$

$$六中取一时 = \frac{6}{1} = 6,$$

$$六中取二时 = \frac{6 \times 5}{2 \times 1} = 15,$$

$$六中取三时 = \frac{6 \times 5 \times 4}{3 \times 2 \times 1} = 20,$$

$$\cdots\cdots\cdots\cdots\cdots\cdots\cdots\cdots\cdots。$$

（都是不重复的）

到这里，我们可以讲六颗骰子滚出来的花色的种数了。为容易明了计，分做十三项来讨论。

（一）六颗的点子全同的（叫作"全色"或"满盆"）——六颗全是么、全是二，……当然只有 6 种。

（二）五颗的点子相同、另一颗相异的（"五子"或"五红"）——譬如五颗同是么，那么另一颗除掉么有五种花色；五颗同是二，也有五种；五颗同是三、……都一样，所以共有

五中取一不重复的组合 ×6 ＝ 5×6 ＝ 30 种。

（三）四颗点子相同、另二颗相异的（有"合巧"、"四齐"和"四红"三种）——譬如四颗同是么，其余两颗除掉把另二种点子组合，计有十种；四颗同是二、……都一样，所以共有

五中取二不重复的组合 ×6 ＝ 10×6 ＝ 60 种。

（四）四颗点子相同、另二颗也相同的（同前）——譬如四颗同是么，另两颗同是二、……有五种；四颗同是二、……都一样，所以共有

五中取一不重复的组合 ×6 ＝ 5×6 ＝ 30 种。

（五）三颗点子相同、另三颗相异的（除"三红""一红"外其他在"掷状元红"里没有名称）——譬如三颗同是么，另三颗除掉么有十种组合；三颗同是二、……都是一样，所以共有

五中取三不重复的组合 $\times 6 = 10 \times 6 = 60$ 种。

（六）三颗相同、另两颗相同、又一颗相异的（除掉"三红""二红""一红"外无名）——譬如三颗同是么、另两颗同是二，又一颗有除掉么、二的四种花色，另两颗同是三、……也有四种花色，共得二十种；三颗同是二、……都是一样，所以共有

四中取一的组合 $\times$ 五中取一的组合 $\times 6 = 4 \times 5 \times 6 = 120$ 种。

（七）三颗相同、另三颗又相同的（"分相"）——这好比是六件中取不重复的二件的组合，但这二件是每件用同样三个的，所以共有

六中取二不重复的组合 $= 15$ 种。

（八）两颗相同、另四颗相异的（除"二红""一红"外无名）——譬如两颗同是么，另四颗除掉么有五种组合；两颗同是二、……都是一样，所以共有

五中取四不重复的组合 $\times 6 = 5 \times 6 = 30$ 种。

（九）两颗相同、另三颗相同、又一颗相异的（同六）——应该归纳在（六）的里面。

（一〇）两颗相同、另两颗相同、又两颗相异的（除"二红"和"一红"外无名）——两颗相同、另两颗又同，好比六件中取二件的组合，但所取的每件用同样二个，又二颗相异，须除掉已有的二种点子，把其余四种来组合，所以共有

六中取二的组合 $\times$ 四中取二的组合 $= 15 \times 6 = 90$ 种。

（一一）两颗相同、另两颗相同、又两颗相同的（除"双么二三""双四五六""二三靠大六""二红"外无名）——这好比六件中取三件的组合，但所取的每件用同样二个，所以共有

六中取三不重复的组合 =20 种。

（一二）两颗相同、另四颗相同的（同四）——应该归纳到（四）的里面。

（一三）六颗完全相异的（"不同"）——当然只有一种。

你们大概已经看到头昏脑涨了，但是恭喜恭喜！现在只要把这一大篇的分户账总结一下，就得到这六颗骰子滚出来的花色，一共要有

6+30+60+30+60+120+15+30+90+20+1=462 种。

要在 462 种不同的花色里面滚出一个你所希望的；那机会不是只有 $\frac{1}{462}$，显得很少吗？

上面的结论，粗看似乎有理，其实却是完全不对的，因为我们假使在每颗骰子上做一个记号，分别指定第一颗、第二颗、……那么同是滚出了一个"不同"，其中的么，也许是第一颗滚出来的，也许是第二、第三、……颗滚出来的；还有其中的二、……也不一定是哪一颗滚出来的，所以不应该单就出现的花色讲，须兼就各颗骰子滚出来的点子讲，这时候它的种数就要大大地增加了。

这怎么算呢？我们不妨先假定这不是骰子而是铜元，它没有六个面而只有两个面，一面是字，一面是背，一共不用六个而只用两个，把它旋转后，躺下来所现出的，不外两个同字、两个同背和一字一背的三种花色；但若兼顾到哪个滚出字，哪个滚出背，就有了下举的四（22 = 2×2）种变化了：

甲铜元　　字　　字　　背　　背

乙铜元　　字　　背　　字　　背

若是取三个陀螺，普通的陀螺是把一根轴梗穿在圆柱或圆板的中心而成的，现在把圆柱或圆板换了一块正三角形的板，它的三边上分别涂红、黄、蓝三种不同的颜色，同时把它们放在桌子上旋转，当它们倒下来的时候，每个陀螺的三角板

有一边靠着桌面，这三个靠着桌面的边的颜色，应有二十七（3^3
= $3 \times 3 \times 3$）种变化，如下表：

甲陀螺	红红红	红红红	红红红	黄黄黄
乙陀螺	红红红	黄黄黄	蓝蓝蓝	红红红
丙陀螺	红黄蓝	红黄蓝	红黄蓝	红黄蓝

甲陀螺	黄黄黄	黄黄黄	蓝蓝蓝	蓝蓝蓝	蓝蓝蓝
乙陀螺	黄黄黄	蓝蓝蓝	红红红	黄黄黄	蓝蓝蓝
丙陀螺	红黄蓝	红黄蓝	红黄蓝	红黄蓝	红黄蓝

这不是和两件东西或三件东西全取出来作不同顺序而可
以重复的排列完全一样吗？

于是知道六颗骰子各有六个面，各刻着六种不同的点子，
滚出来的变化同六件东西全取出来作不同顺序而可以重复的排
列一样，应有 6^6 = $6 \times 6 \times 6 \times 6 \times 6 \times 6$ = 46656 种。

你假使要想掷出一个全六，这全六不过是 46656 种变化中
的一种，假定这 46656 种变化出现的机会是均等的，那么必须
在 46656 次的连掷里才出现一次全六，它的机会是 $\frac{1}{46656}$。虽
然在事实上这 46656 种变化出现的机会决不会均等，也许掷不
满 46656 次就出现全六，也许掷满 46656 次还没有出现全六；
总之，要出现这种花色。机会一定非常的少，我想诸位总也不
至于再会怀疑了。

在前述的 462 种不同的花色里面，有一种是六颗完全不同
的，它的机会是不是也等于 $\frac{1}{46656}$ 呢？仔细一想，却完全不
对。因为只论花色，这是 462 种里的一种；若兼论哪一颗骰子
出现一，哪一颗出现二，……这时在 46656 种变化里面，它就
占着 $6 \times 5 \times 4 \times 3 \times 2 \times 1$ = 720 种，所以它的机会应是 $\frac{720}{46656} = \frac{5}{324}$，
比全六要大着 720 倍。无怪你在掷状元红时，掷这个名叫"不

同"的花色是常会出现的。

　　从上文看来，除掉出现全色的机会是最少外，其他花色出现的机会，比较起来要增加数倍，或数十、百倍。关于这一点，让读者自己去研究研究吧。

明察秋毫

—失方得方—

　　当我们从事科学观察和实验时千万不可忽略微细的地方，否则就难免要遭遇到失败。一切事象的精微奥妙之处，往往是用我们的肉眼看不见的；不但如此，有时就是用了精密的器械，往往还是测不出来。譬如用尺可以量得出几寸几分的长，却量不出几厘几毫；天平可以称得出几厘几毫的重，却称不出几丝几忽。古语说："失之毫厘，谬以千里"，就是说忽略了极微细的一点，会发生很大的错误。所以我们在观察和实验的时候，就特别需要保持理智，明察秋毫，才能达到成功的目的。

　　怎样用理智来抉发细微，应该举一个实例。现在先讲一个杜撰的故事：

　　某人向漆铺买到一张金箔，是正方形的，每边长十三寸，面积是一百六十九方寸。拿到家里，用剪刀剪了三刀，分成四块，再拼成一个长二十一寸、阔八寸的长方形，算得总面积是一百六十八方寸，无端地失去了一方寸。这个人心里很着恼，认为是受了欺骗,立刻到原店里去交涉。店里的人看了,觉得莫名其妙,只好另换一张同样的金箔给他。这个人拿回去再用剪刀剪了三刀,分成四块,拼作两个长方形。大的一个长十四寸、阔十二寸,面积是一百六十八方寸;小的一个长二寸、阔一寸,面积是二方寸。并得一百七十方寸,平白地竟多出一方寸来。这个人认为是占了便宜,心里非常高兴。

这个故事不是很奇怪吗?究竟是怎样剪法,怎样拼法呢?现在画两个图,分别说明在后面。

第一次是把图 1 的正方形 *ABCD* 照 *EF*, *ED*, *GH* 三直线剪了三刀,拼成图 2 的形状。粗看的确很奇怪,原来的面积是 $13 \times 13 = 169$ 方寸,忽而成了 $21 \times 8 = 168$ 方寸,怎会缺少了一方寸呢?其实仔细一研究,却并没有缺少。现在用几何的方法把它找出来。

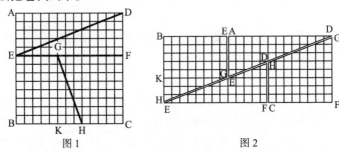

图 1　　　　　　　　图 2

如图 1,设在 *BC* 边上距 *B* 五寸的一点是 *K*,在 △ *DAE* 和 △ *GKH* 中,因

$$\angle DAE = \angle GKH(直角),$$

$$AD : AE = 13 : 5 = 39 : 15$$

$$AD : AE = 8 : 3 = 40 : 15$$

$$AD : AE \neq GF : KH$$

于是 △ *DAE* 和 △ *GKH* 不相似(两三角形的一角互等,夹这角

的边成比例则相似，一角虽等而夹边不成比例则不相似）。

$\angle AED < \angle KHG$（因 $AD = \dfrac{39}{15}AE$，$GK = \dfrac{40}{15}KH$，故 AD

的对角必小于 GK 的对角）

又因为 $\angle KHG + \angle EGH = 180°$（平行线间的同旁内角相补），
故

$\angle AED + \angle EGH < 180°$（代入）。

于是在图 2 中的 HG 和 ED 不能成一直线，在这拼成的长方形中，虽是两对角的 H 和 E 相合，D 和 G 相合，但中间的线不能相合，有一部分的面重叠起来，略如图 3 的形状。

图 3

讨论到它的面积，$EBHG$ 和 $GHCF$ 都是梯形，面积各等于

$\dfrac{8(5+8)}{2} = 52$ 方寸；$\triangle AED$ 和 $\triangle DEF$ 的面积各等于 $\dfrac{13 \times 5}{2} =$

32.5 方寸，全面积是

$$52 \times 2 + 32.5 \times 2 = 169 \text{ 方寸}$$

丝毫也没有缺少。若照 $21 \times 8 = 168$ 方寸计算，好像少了一方寸，其实这一方寸躲藏在重叠的地方，不过用肉眼不容易发现罢了，可见那个买金箔的人不但自寻烦恼，还冤屈了好人。

第二次是把图 4 的正方形 $ABCD$ 照 ED，FG，HK 三直线剪了三刀，拼成图 5 的形状、原来的面积是 $13 \times 13 = 169$ 方寸，后来好像已变做了 $12 \times 14 + 1 \times 2 = 170$ 方寸，怎会多出一方寸来呢？仔细一研究，知道同第一种的情形完全不同。原来 HK 和 FG 的长粗看是 1 寸和 2 寸，其实略少了些，肉眼也是不容易看出来的。现在应用相似三角形把它计算出来。

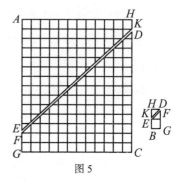

图 4　　　　　　　　　　　　图 5

因 $\angle DAE < \angle DHK$，$\angle AED < \angle HKD$

故 $\triangle AED \backsim \triangle HKD$，$AD : HD = AE : HK$

以已知数代入，得 $13 : 1 = 12 : HK$

故 $HK = \dfrac{1 \times 12}{13}$ 寸 $= \dfrac{12}{13}$ 寸，$HK + DC = \dfrac{12}{13}$ 寸 $+ 13$ 寸 $= 13\dfrac{12}{13}$ 寸。

于是得四边形方寸 $AEKH + FGCD = 13\dfrac{12}{13}$ 寸 $\times 12$ 寸 $= 167\dfrac{1}{13}$ 方寸。

又因 $HK + EB = \dfrac{12}{13}$ 寸 $+ 1$ 寸 $= 1\dfrac{12}{13}$ 方寸，

故 $\triangle HKD +$ 四边形 $EBGF = 1\dfrac{12}{13}$ 寸 $\times 1$ 寸 $= 1\dfrac{12}{13}$ 方寸。

并得全面积 $= 167\dfrac{1}{13}$ 方寸 $+ 1\dfrac{12}{13}$ 方寸 $= 169$ 方寸。

丝毫也没有增多，可见那个买金箔的人只落得一场空欢喜。

融会贯通

—万能直线—

　　天下的事理，有许多是彼此息息相关的。学者如能把它们融会贯通起来，不但在研究方面可以得到不少便利，有时还会借此发现新的学理和新的方法。

　　就数学方面来举例，几何的直线、代数的方程和算术的比例，粗看是各自为政、绝不相关的，但是一经细察，就可以融会贯通，发现其中有着息息相关的至理。算术中的统计图表普通画出来的都是折线，但在成正比例的二种数量，就成为直线了。代数中的一次整式是可以用直线表示的，于是一次方程式就可以利用直线的图形来求得解答了。

　　从上面的话看来，解算术的正比例问题，可以仿照代数利用图解；算术中的其他问题，凡是能化作与比例问题具有同样性质的，也都可以利用图解。于是我们可以创造一种新颖的"图解算术"，用来解决大多数的算术四则应用问题。其法浅易而便于入手，这里就来介绍几个吧。

要明了这种特殊的图解算术，必须先从最简易的二类问题——比例和盈亏——开始，由此再推到其他的各种问题。

〔比例题〕工人织锦，四日织六丈，问十日织几丈？

（织锦的丈数）

（经过的日数）

我们在方格纸上自左向右每移一格代表经过一日，自下而上每移一格代表织锦一丈，由"四日织六丈"取得 A 点。因日数加倍，所织的丈数也加倍。故由"八日织十二丈"又得 B 点。过 A，B 二点画一直线。这直线上有一点 C 恰和下方的日数 10 相对，看这 C 点左方所对的丈数 15，于是知道经过十日可织锦 15 丈。

这个解法的原理很简单。由题知二日织三丈、四日织六丈、六日织九丈、……日数二、四、六、……以二递增，丈数三、六、九、……以三递增。凡是这样各以同数递增的两种数量，用上法在图中取得的各点，一定都在一直线上。

〔盈亏题〕儿童分糖，每人分三粒，多八粒；每人分六粒，少四粒，问每人分几粒恰尽？

在方格纸上把一条横线描粗，由此向上每一格代表多一，向下每一格代表少一，又自左向右每一格代表每人分糖一粒，于是由"每人分三粒多八粒"取得 A 点，由"每人分六粒少四粒"取得 B 点，连成一直线。与粗线交于 C。这 C 点下方的数是 5，因为 C 点在粗线上，这粗线表示不盈不亏，所以知道每人分 5 粒恰尽。

（每人分的粒数）

若上题更问有儿童几人，可以随意假定有儿童二人，由"每人分三粒多八粒"应有糖 $3 \times 2 + 8 = 14$ 粒，由"每人分六粒少四粒"应有糖 $6 \times 2 - 4 = 8$ 粒，前后不能相等，计后者亏

14 − 8 = 6 粒。同法假定有儿童五人，由前应有糖 3 × 5 + 8 = 23 粒，由后应有糖 6 × 5 − 4 = 26 粒，后者盈 26 − 23 = 3 粒。于是由"儿童二人亏六粒"取得 A 点，"儿童五人盈三粒"取得 B 点，连一直线，得交点 C，知儿童有四人。

（儿童人数）

在上述的问题里，从答案儿童四人，糖二十粒（3 × 4 + 8 = 20）知道

每人的粒数	1	2	3	4	5	6	7	…
盈 亏 数	盈16	盈12	盈8	盈4	恰尽	亏4	亏8	…

其中每人的粒数以 1 递增，盈亏数以 4 递减，这样的二种数量，在图中取得的各点，也都在一直线上。

若顺次假定儿童的人数是一、二、三、……依法推得前后的糖果数各不相等，后者顺次亏九、亏六、亏三、……各以同数递增，所以也好利用直线来求到答数。

〔和差题〕大小二数的和是 23，差是 5。求这二数。

随意假定小数是 4，因大小二数的差是 5，故大数应是 4+5=9，和数是 4+9=13，比题中的和 23 亏 23 − 13=10。再假定小数是 6，则大数是 11，和是 17，又比题中的和亏 6。于是由"小数 4 亏 10"取得 A 点，"小数 6 亏 6"取得 B 点，连一直线，

由交点 C 知小数是 9，于是大数易知是 9+5=14。

上例中两次假定小数后，算得的和比题中的和都是亏的，这样也可以仿前法求得答数。

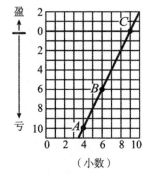

（小数）

〔鸡兔题〕鸡兔合计十头，共有脚二十四只，问鸡兔各几头？

假定鸡 3 头，那么兔是 10 – 3 = 7 头，共有脚 2 × 3 + 4 × 7 = 34 只，比题中的数盈 34 – 24 = 10。再假定鸡 6 头，则兔是 4 头，共有脚 28 只，又盈 4。于是由"鸡 3 头盈 10"得 A 点，"鸡 6 头盈 4"得 B 点，连一直线，由交点 C 知鸡有 8 头，于是兔易知是 10 – 8=2 头。

（鸡的头数）

〔年龄题〕父年 25 岁，子年 5 岁。问几年后父年恰是子年的 3 倍？

假定要在 1 年后，那时子年 5 + 1 = 6 岁，父年是 6 × 3 = 18 岁，于是今年父年 18 – 1 = 17 岁，比题中的数亏 25 –

17 = 8 岁，再假定要在 6 年后，那时子年 11 岁，父年 33 岁，于是今年父年 27 岁，比题中盈 2 岁，由"1 年后亏 8"得 A 点，"6 年后盈 2"得 B 点，连一直线，由交点 C 知道要在 5 年后。

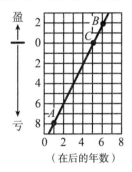

（在后的年数）

〔分数题〕某人抄书，第一次抄去总页数的 $\frac{1}{3}$，第二次抄去余下页数的 $\frac{1}{2}$，还剩 7 页。问这本书原有几页？

假定原有 3 页（注意所假定的数要能被分母约尽而得整数），那么第一次抄 $3 \times \frac{1}{3}$ =1 页，剩 3 – 1=2 页，第二次又抄 $2 \times \frac{1}{2}$ =1 页，剩 2 – 1=1 页，较题中的数亏 7 – 1=6 页。再假定原有 9 页，那么第一次抄 3 页，剩 6 页，第二次又抄 3 页，剩 3 页，仍亏 4 页。由"3 页亏 6 页"得 A 点，"9 页亏 4 页"得 B 点，连一直线得交点 C，知道这本书共有 21 页。

总括上举各例，知道这种图解算术的法则是用任意的数假定作所求数，依题推算，看它比题

（原有的页数）

中的某一已知数盈几或亏几，这样经过两次，就可以在图中描得两点，连一直线而得所求数，有了这种方法，大多数的算术四则应用题都可依法求解。这一条直线真可以说是万能的直线了。

益智谜

（42）孩子赌钱——孩子某，有一天入市卖米，带了钱回家，途中遇一位朋友，孩子说："我有铜元一枚，一面为字，一面为背。我掷钱空中，堕地后若表面为字，则我胜，表面为背，则我负。一胜一负的赌注，都拿当时我袋里的钱的一半做标准。"结果二人赌得的胜负次数相等，孩子损益如何？

（43）神童分酒——甲入市购物，乙托他代买半斤酒，给他一只容量一斤的瓶。后来甲自己也买半斤，就买满了一瓶，拿回来均分。但是甲家只有容量九两的壶，乙家则另有容量七两的筒，二人正在无计可施，来了一个邻家的儿童，把瓶中的酒在三器中倒来倒去，倒了十多次，甲壶乙瓶恰巧都装着半斤酒。问此童分酒的方法怎样？

去芜存菁

—顽童搬书—

人们在日常生活中往往碰到这样一种情形，就是要从众多的事物中选取自己所需要的一件或数件事物，这时候你面对着那众多的事物，会有一种好像在大海捞针，简直无从下手之感。你要是不得其诀、胡寻乱找的话，恐怕费尽心机，结果还是一无所获。要从众多的事物中取得少数需要的物件，最好的方法是先把不需要的逐一去掉，到了不需要的都被清除了的时候，那留下的当然就是需要的物件了。

上述的方法叫作"去芜存菁"，其实是我们随时随地在应用着的。譬如农人的选种、扬糠和工人的拣料等；尤其是"淘砂取金"是一个最好的例子。我们要在一大堆的泥砂中选取极少量的金粒，真是异常困难。但是我们可以用水淘洗，先使轻质的泥土随水漂去，接着筛除粗大的砂粒，然后重行淘洗，使质重的金粒沉在盆底的凹洼，砂粒全部淘去，就得所需的黄金。这样有条不紊地依次去芜存菁，也是科学方法的一种。

在数学上有一个极简单的例子：普通算术教科书中讨论整数的性质时，都附有一张"质数表"，载着一百（或一千）以内的许多质数。有些书中更说明这许多质数是用"淘汰法"求得的，这淘汰的方法就是去芜存菁，我们先顺次写下从1起的一百个（或一千个）连续整数，好像体操时列队成单行一样。于是留下1与2，从3起每二个一数，像体操时的一至二报数一样；每逢第二数就去掉，因为除2外其他凡是2的倍数都不是质数，所以都淘汰了，接着又留下3，从去掉的4所留的空位起，每三个一数（连空位也数在里面），把第三数都去掉；于是除3外的3的倍数都淘汰了，再留下5，从后一位起每五个一数；留下7，从后一位起每七个一数；……最后存留下1，2，3，5，7，11，13，17，…它们（除1外）的倍数都已淘汰，这就是我们所需要的质数了。

从上举的例看来，去芜存菁要依着适宜的次序，一丝不乱，逐步做去。若偶一疏忽，把应该存留的失掉，成了"沧海遗珠"，或应该淘汰的留着，就变成"鱼目混珠"，这样都不能达到我们理想中的目的。这里为了要更求具体计，再来举一个有趣味的问题。

李君购得"科学大全"一部，计九厚册，特制小橱一具，分上下二格把它安放。这部书每册旁侧各依卷次印一数码，共有自1至9的九个数字，李君的两个儿子都很顽皮，把书搬上搬下，移左移右，最后搬成右图的形式。上格四册，数码依次排成一个四位数9327；下格五册，数码又排成一个五位数18654，发现下格的数恰是上格的2倍。若以上格数为分子，下格数为分母，则所成分数的值恰为$\frac{1}{2}$。父亲回来，问他们在忙些什么。两人依实告诉了，就要求父亲重行排列，使所成分数的值仍是 $\frac{1}{2}$。

更须另排得值 $\frac{1}{3}$，$\frac{1}{4}$，$\frac{1}{5}$，…，$\frac{1}{9}$。父亲搬移多时，不能成功。于是悬赏征求算学家设法代他解决，并规定须将所有答案全部求出，不得遗漏。

这个问题的要点：（1）这分数的分子是四位，分母是五位；（2）这分数的值等于 $\frac{1}{2}$，$\frac{1}{3}$，$\frac{1}{4}$，$\frac{1}{5}$，…，$\frac{1}{9}$；（3）分子分母中共计九位数字不能重复，且没有 0。要满足这三个条件，在普通算术或代数上是没有方法可解的。于是我们不得不另行设法求其答案。

我们先就分数的值等于 $\frac{1}{2}$ 的来研究。最容易想到的求法，是把所有的四位数全都举出来，假定作分子，算出它们的 2 倍数作分母，凡有重复数字或 0 的都去掉，那留下的就是所求的答案。但是四位的整数共计有 9999 – 999 = 9000 个，我们要想把这 9000 个数逐一试验，找到不多几个需要的数，那所费的时间和脑力，不是太不经济吗？于是不得不采用去芜存菁的方法了。

第一步想：这 9000 个四位数中，有许多是有重复数字的，有许多是有 0 的，我们应该先把它们去掉。那么没有重复数字又没有 0 的四位数有多少呢？从九个数字中取出四个来作不同顺序而又不重复的排列，应有 9 × 8 × 7 × 6 = 3024 种变化，但是在这 3024 个四位数中去选取合于条件的数，还不是一件容易的事。

第二步想：分母的数应是五位数，若分子的四位数的千位是 1，2，3，4，那么它们的 2 倍数仍是四位，不合条件；即使分子的千位是 5，分母已成五位数，但首二位是 10 或 11，仍不合条件，所以知道分子的千位至少是 6。分子的四位数共

3024 种变化中，千位是 1，2，3，…，9 的各有 $3024 \times \dfrac{1}{9} = 336$ 个，千位是 6，7，8，9 四种数字的，共有 $336 \times 4 = 1344$ 个。在这 1344 个四位数中选取合于条件的；虽已比较容易，但还要设法继续淘汰。

第三步想：不论分子的千位是 6，7，8，9 中的哪一个，它们的 2 倍数的首位总是 1，即分母的万位是 1，于是知道分子的各位都不能是 1。若分子的千位是 6，那么以下三位可以在除 1 与 6 以外的七个数字中取出三个来作不同顺序而又不重复的排列，应有 $7 \times 6 \times 5 = 210$ 种变化。分子的千位是 7，8 或 9 的都一样，所以共计有 $210 \times 4 = 840$ 个，我们把这 840 个四位数分别试验，所费的时间还是很多，那么能否继续淘汰呢？

第四步想：分子的千位不能是 5，在第二步内已经研究过。其实由于同样的理由，以下各位也不能有 5。可见分子的千位是 6 时，以下三位只能在除 1，5，6 以外的六个数字中取出三个来作不同顺序而又不重复的排列，仅有 $6 \times 5 \times 4 = 120$ 种变化，分子的千位是 7，8 或 9 时仍是一样，共计 $120 \times 4 = 480$ 个。把这样的 480 个四位数做分子，分别 2 倍起来，把所得的五位数做分母，共计九个数字，能不重复而又没有 0 的，就是所需的答案，顺次可得

$$\frac{6729}{13458}, \frac{6792}{13584}, \frac{6927}{13854}, \frac{7269}{14538}, \frac{7293}{14586}, \frac{7329}{14658},$$

$$\frac{7692}{15384}, \frac{7923}{15846}, \frac{7932}{15864}, \frac{9267}{18534}, \frac{9273}{18546}, \frac{9327}{18654}。$$

共十二种，最后的就是题中所举的一种。

上举的方法是把数千个数淘汰而为 480 个数，再从 480 个数中选得所需的 12 个数，这似乎是最便捷的了。其实另外还有一个简便的方法，所费的时间可以更少，兹续述如下：

根据前述的理，知道分子的各位不能有 1 或 5，先就分子

的个位想，可能是 2，3，4，6，7，8，9 的七种数字之一。

假定分子的个位是 2，那么分母的个位应是 4，分子的十位可能是（a）3，（b）8，（c）9 的三种数字之一；因为 2 与 4 已经有过，6 与 7 的 2 倍数的末位是 2 与 4 的缘故。

（a）假定分子的十位是 3，那么分母的十位应是 6，九个数字中除去已有的 2，4，3，6 与不可能的 1，5 外，其他尚有 7，8，9 三种。可见分子的百位仅有 9 是可能的，因为 7 与 8 的 2 倍数末位是 4 与 6，与已有的重复的缘故。

（b）假定分子的十位是 8，那么分母的十位应是 6，仿上法可推得分子的百位可能是 3，7 的二种数字之一。

（c）假定分子的十位是 9，那么分母的十位应是 8，分子的百位可能是 3，6，7 的三种数字之一。

续推分子的千位数字，由（a）可得 7，于是分子是 7932，分母是 15864，是一种所需的答案。由（b）知道分子的百位不论是 3 或 7，都不能求得适合的千位。由（c）知分子的百位是 3 时，求不到适合的千位。但分子的百位是 6 时可得千位 7；是 7 时可得千位 6。于是又得分子是 7692 与 6792 的二种答案。

这里为易于明了计，上述分子的个位是 2 时，它前面各位可能的数字可以依次列成下表：

个位数字	2					
十位数字	3	8		9		
百位数字	9	3	7	3	6	7
千位数字	7	×	×	×	7	6

表中的 × 表示没有适合的数字，就是没有答案。故由下表共得答案三种。

仿上法，顺次求分子的个位是 3，4，6，7，8，9 时，它们前面各位可能的数字可列表如下：

个位	3				4		6				7								8				9			
十位	2	4	7	9	3	6	3	4	7	8	2				6				2	3	4	7	2	3	6	7
百位	9	×	2	2 7	×	3 7	4	9	×	4 4	3	8	9	2	7	2	×	4	3	8	9	2	7	2	×	4 3 7 2 6 2 7 6
千位	7	×	9	7	×	× ×	×	×	×	×	9	×	6	9	×	×	×	×	7	6	×	×	7	×	×	

从上表又得答案九种，连前共十二种，与前举的完全一样。

到这里，我们可从分子的个位数字起，依次用去芜存菁法推得前面的各位数字而得所需的答案。于是分数的值等于 $\frac{1}{3}$，$\frac{1}{4}$，$\frac{1}{5}$，…，$\frac{1}{9}$ 的都可依样画葫芦地求得答案了。

分数的值等于 $\frac{1}{3}$ 的，其分子的个位不能有 5，千位不能有 1，2 与 3，仿前法求之，所得的答案仅有下列的二种：

$$\frac{5823}{17469}，\frac{5832}{17496}。$$

等于 $\frac{1}{4}$ 的分数，其分子的个位也不能有 5，千位不能有 1 与 2。计有下列的四种答案：

$$\frac{3942}{15768}，\frac{4392}{17568}，\frac{5796}{23184}，\frac{7956}{31824}。$$

欲求等于 $\frac{1}{5}$ 的分数最为便捷。因为分母的个位定是 5，又分子的各位 5 倍后不能没有进位，所以分子的个位数字只有 3，7，9 的三种是可能的，且分子的各位都不能有 1 或 5。可从 $3×6×5×4 = 360$ 种不同的四位数中选得答案，或假定个位数字后依次向前推得其他各位数字，共计可得答案十二种：

$$\frac{2697}{13485}，\frac{2769}{13845}，\frac{2937}{14685}，\frac{2967}{14835}，\frac{2973}{14865}，\frac{3297}{16485}，$$

$$\frac{3729}{18645}, \frac{6297}{31485}, \frac{7629}{38145}, \frac{9237}{46185}, \frac{9627}{48135}, \frac{9723}{48615}。$$

　　等于 $\frac{1}{6}$ 的分数也是易于求得的。因为 2，4，6，8 的四种数字 6 倍后的末位仍与原数字同，又 5 的 6 倍数末位是 0，所以分子的个位数字只有 1，3，7，9 的四种是可能的。且分子的千位不能是 1，否则分母要成四位数，或虽为五位而首位也是 1（以下如 $\frac{1}{7}$ 等都一样）。依法可得答案三种：

$$\frac{2943}{17658}, \frac{4653}{27918}, \frac{5697}{34182}。$$

　　分数的值是 $\frac{1}{7}$ 的有下列七种，分子的个位分别假定为除 5 外的其他八种数字，即可求得适合的前面各位数字：

$$\frac{2394}{16758}, \frac{2637}{18459}, \frac{4527}{31689}, \frac{5274}{36918}, \frac{5418}{37926}, \frac{5976}{41832}, \frac{7614}{53298}。$$

　　等于 $\frac{1}{8}$ 的分数是最多的，仿上法可求到下列的四十六种：

$$\frac{3187}{25496}, \frac{4589}{36712}, \frac{4591}{36728}, \frac{4689}{37512}, \frac{4691}{37528}, \frac{4769}{38152}, \frac{5237}{41896}, \frac{5371}{42968},$$

$$\frac{5789}{46312}, \frac{5791}{46328}, \frac{5839}{46712}, \frac{5892}{47136}, \frac{5916}{47328}, \frac{5921}{47368}, \frac{6479}{51832}, \frac{6741}{53928},$$

$$\frac{6789}{54312}, \frac{6791}{54328}, \frac{6839}{54712}, \frac{7123}{56984}, \frac{7312}{58496}, \frac{7364}{58912}, \frac{7416}{59328}, \frac{7421}{59368},$$

$$\frac{7894}{63152}, \frac{7941}{63528}, \frac{8174}{65392}, \frac{8179}{65432}, \frac{8394}{67152}, \frac{8419}{67352}, \frac{8439}{67512}, \frac{8932}{71456},$$

$$\frac{8942}{71536}, \frac{8953}{71624}, \frac{8954}{71632}, \frac{9156}{73248}, \frac{9158}{73264}, \frac{9182}{73456}, \frac{9316}{74528}, \frac{9321}{74568},$$

$$\frac{9352}{74816}, \frac{9416}{75328}, \frac{9421}{75368}, \frac{9523}{76184}, \frac{9531}{76248}, \frac{9541}{76328}。$$

去芜存菁

欲求等于 $\frac{1}{9}$ 的分数，似乎除分子个位不能是 5，千位不能是 1 外没有其他新的条件，只能先假定分子的个位数字，然后推得前面的各位数字了。其实根据算术中的"弃九法"原理，知道分母既是 9 的倍数，那么它的五位数字的和也应该是 9 的倍数。又因为自 1 至 9 的九个数字的和是 45，恰巧是 9 的倍数，所以知道分子的四位数字的和一定也是 9 的倍数。于是除去 9，在自 1 至 8 的八个数字中把每二数字可合成 9 的选出来，得下列四组：

1，8，　2，7，　3，6，　4，5。

再把每三个数字可合成 9 或 18 的选出来，得下列六组：

1，2，6，　1，3，5，　2，3，4，
3，7，8，　4，6，8，　5，6，7。

又把每四个数字可合成 18 的选出来，计得二组：

1，4，6，7，　2，3，5，8。

于是知道分子的四位数字是由上举的两字组中任取二组配合而成，或由任一个三字组与 9 配合而成，或即是上举的四字组。总计有下列的十四种组合：

1，8，2，7，　1，8，3，6，　1，8，4，5，　2，7，3，6，　2，7，4，5，
3，6，4，5，　1，2，6，9，　1，3，5，9，　2，3，4，9，　3，7，8，9，
4，6，8，9，　5，6，7，9，　1，4，6，7，　2，3，5，8。

每种组合的四个数字有 $4 \times 3 \times 2 \times 1 = 24$ 种不同的排列，共计有 $24 \times 14 = 336$ 种排列，但其中千位是 1 的共有 $(3 \times 2 \times 1) \times 6 = 36$ 个，个位是 5 的也有 36 个，千位是 1 而同时个位是 5 的有 4 个，所以分子的四位数有 $336 - 36 - 36 + 4 = 268$ 个是具可能性的。在这 268 个可以假定作分子的四位数中，有 118 个的百位大于千位，它们的 9 倍数的万位与原数的千位重复，都应去掉，所以实际仅有 150 个数是须要加以试验的，由此得三种答案

$$\frac{6381}{57429}, \quad \frac{6471}{58239}, \quad \frac{8361}{75249}。$$

这一个"顽童搬书"的问题，总计一下，连题中举出的一种答案，共计有答案89种。作者从前曾在《无锡日报副刊》悬赏征答，应征函件千余封中，答案最多的是孙君铭栋，计得83种，尚漏去等于 $\frac{1}{8}$ 的6种。特附志于此，以留纪念。

益智谜

（44）书分三格——李君把九册《科学大全》改放在分上、中、下三格的新书橱里，两个顽皮儿子又去搬弄，如图，每格放三册，书旁的数码各排成一个三位数，发现中格数为上格数的二倍，下格数为上格数的三倍，后来再请父亲重排，要成同样的关系，父亲又给他们难住了。

1	9	2
3	8	4
5	7	6

（45）三家汲水——A，B，C 三家各有一井，顺次是 A′，B′，C′，位置如图。今三家约定汲水的道路不能相交，试问应如何走法？但 A 家的背后有池，是不能通过的。

（46）风中行车——王君在自行车竞赛中曾得过锦标。有一次，乘车顺风行一公里，只费了三分钟，回来时逆风，也只费四分钟，那么他在没有风的时候行一公里要几分钟呢？

（47）巧刻竹竿——一舟行于河中，欲测河深，舟中只有长五尺、七尺、十二尺的三根棒，用十二尺长的一根方能抵及河底。但因棒上没有刻度，欲设法用五尺和七尺的二棒交换使用，每次用一棒，使其一端与他棒的端相齐，由另一端即可在十二尺的棒上刻度。舟中人想了好久，才能用最少的次数在这棒上刻下十一道痕，平均分做了十二段。

（48）灯牌敷线——某公司制一广告牌，如图装六十四只电灯。雇电匠接线，从 A 经各灯到 B，用线最少，且不能相交，问如何接法？

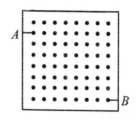

（49）航海故事——西洋有一著名故事，说有基督教徒和托而奇人各十五个，同船航海，忽遇飓风。这船因重量过大，将要沉没，船主声明要在三十人中提出半数投入海中，以救此船。并设一公平办法，令三十人排一圆圈，从基督教徒中的老牧师起，顺次呼一、二、三、……呼到第十三人就投入海中，第十四人又呼一，以后每逢第十三人就投到海里。众人都希望逃生，只得应尤。于是老牧师立刻召集教徒说："我昨夜梦见上帝要救他的信徒，吩咐只要如此如此，就能脱险。"教徒们依计而行，结果投入海中的恰巧都是托而奇人，读者试猜他们是怎样排法的？

附录

益智谜谜底

【第6页】（1）行军不利——因十人一排末排缺一人，可见兵数比十的倍数少一。同理，知道兵数比九、八、七……二的倍数都少一。所以先求十、九、八、七……二的最小公倍数，得2520，因不满三千，乃加倍得5040，减少一，得答案5039人。

（2）牧童妙语——在镜中照见的物体都是左右相反的。数字除0外，只有1和8在镜中照见的仍旧一样。于是知道山羊和绵羊一定都是9只，因为它们的乘积81在镜中照见的恰巧等于和数18。

（3）瓜葛之亲——赵君为李父的妻弟之子，即为李君的表弟，又李君为赵君的姐夫之兄，即赵君为李弟的妻弟，所以李弟娶的是表妹，是一重中表联姻。又赵君为李岳翁的侄，李君为赵君姑母的侄女之夫，则李君必娶赵君的堂姐，即娶他的表姐，又是一重中表联姻。看下列的系统表自明。

（4）智牛避车——火车每小时行120里，则每秒必行50尺，牛每秒仅行10尺。火车距桥东端96尺，牛则仅距19尺。相向而行时，火车费1.92秒而达桥东端，牛仅需1.9秒，火车迟到的 0.02 秒可行 1 尺，所以牛抵桥边时，火车尚距 1 尺，可保性命。若同一方向而行，则火车费 2.88 秒而达桥西端，牛则需 2.9 秒，牛迟到的 0.02 秒可行 0.2 尺，所以火车抵达桥边时，牛还差着 2 寸，一定要被火车撞死了。

（5）故弄玄虚——今天一定是星期日。因为以后日（星期二）为昨日的今日是星期三，以前日（星期五）为明日的今日是星期四，本星期三同星期日（即今天）相距三日，上星期四同星期日（即今日）也相距三日。（每星期以星期日为开始的一天）

（6）跌碎钟面——钟面上十二个数的和是 78，不是 4 的倍数，知道必须是某一个罗马字的数碎成二数，这二数的和数较原数多 2，于是全部的和是 80，碎成四块的每一块上的和是 20。如图所示。

（6）　　　　　　　　（7）

（7）十字成方——欲使四条的长边包围一正方形，若只移动一条，这是绝对不可能的。因题中只说"得一正方形"，所以可移动下方的一条，使四端的接触处中间留出一小正方形的空隙就得。

【第 11 页】（8）教堂怪钟——钟上的长短二针配错后，唯有在二针成一直线时所示的时刻是准确的。譬如在 6 时就成一直线，是准确的，此后到 7 时 $5\frac{5}{11}$ 分再成一直线，就是老钟表匠第一次往观的时刻。至于第二次再准确是在 8 时 $10\frac{10}{11}$ 分，以后每增加 1 时 5 $\frac{5}{11}$ 分，都能准确无误。

（9）巧插金针——第一针插在第一列第三点，第二针插在第二列第六点，第三针插在第三列第二点，第四针插在第四列第五点，第五针插在第五列第一点，第六针插在第六列第四点。

【第14页】（10）笨兄笨弟——兄年三十岁，弟年二十岁，兄言十年后年纪倍于弟，他只知自己那时已四十岁，是弟二十岁的二倍。弟言十年后年纪等于兄，他只知道自己那时已三十岁，同兄三十岁相等。他们的笨，是在只知自己的年纪会增大，忘了别人的年纪同样会增大。

（11）二父二子——二父二子实际是祖、父、子三个人。因祖是父的父，父是子的父，所以称二父。又因父是祖的子，子是父的子，所以称二子。三人均分餐费三元，当然每人出一元。

（12）巧割纸条——第一条在 2，3 间割断，上下对调。第二条在 4，5 间，第三条在 6，7 间，第四条在 1，2 间，第五条在 3，4 间，第六条在 5，6 间，均割断后上下对调，第七条不割，如图拼合之即成。

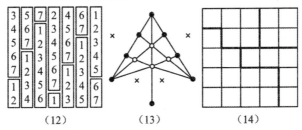

（12）　　　　　（13）　　　　　（14）

（13）植木难题——如图，把 × 处的四株树移去，改植于○的位置。这样一来，就成了七行，每行仍旧有树四株。

（14）巧解石像——分每边五尺的正方形为四，拼成每边四尺和三尺的二个正方形，方法很多，但多数拼合后的人像有一部分歪倒。如图所示的一种（依粗线解开）是不歪的。

（15）矮贼被捕——假定警察仅行 1 步而追及矮贼，则这段距离给矮贼去走，须走 $\frac{5}{2}$ 步。又警察走 1 步的时间内，矮贼走了 $\frac{8}{5}$ 步。故以矮贼的跨步为标准，警察比矮贼多走 $\frac{5}{2} - \frac{8}{5} = \frac{9}{10}$ 步。现在已知警察比矮贼一共多走 27 步，所以实际警察行 $27 \div \frac{9}{10} = 30$ 步而追及矮贼。

（16）三人分酒——这个问题有二种解答，现在举出一种，另一种留待诸位自己去求。甲乙二人各得满瓶二、空瓶二、半瓶三，丙得满瓶、空瓶各三、半瓶一。

（17）巧贯九星——这里所要画的线若折断处完全要在星上，那么至少要折四折才成。好在题中没有这样的限制，所以可向外发展，如图所示的就对了。

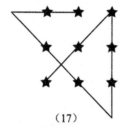

（17）

【第20页】（18）判别夫妻——假定仅有赵钱二君和长次二姐共四人配成夫妻，则有 2 种不同的配法，如（一）赵配长、钱配次，（二）赵配次、钱配长。假定赵钱孙三君配长次三三姐，则孙配三时，赵钱的配法有上举的 2 种，孙配长时，赵钱的配法也有类似的 2 种，孙配次时仍是一样，所以共有 2×3=6 种不同的配法。因六人配三对夫妇既有 6 种不同的配法，故八人中确定李配幼妹，则其他六人配三对有 6 种配法，确定李配长、李配次、李配三时，其他六人各有 6 种配法，共计有 6×4 = 24 种不同的配法。我们假使把这 24 种配法分别列成一表，再逐一试验，一定可以选得一种是合于题意的，下面就是本题的答案：赵配三姐、钱配幼妹、孙配长姐、李配次姐。这样配法共计吃饼三十二枚，余八枚，八人均分，各得一枚而尽。

（19）火柴难题——这个问题难在所列的两个四边形一是长方形、一是平行四边形，否则无法可解。用火柴六根列成长方形，其余十二根列成平行四边形。这平行四边形的高等于一根半火柴的长，如下图。设火柴每根长一寸，则前者的面积是 $2 \times 1 = 2$ 方寸，后者的面积是 $4 \times 1\frac{1}{2} = 6$ 方寸，后者恰为前者的三倍。

【第24页】（20）铁道架空——圆的直径长1，则圆周的长约为3.1416，故直径增1尺，则圆周必增3尺强——比较精密地说是3.1416尺；直径增2尺，圆周必增6尺强。掉过来说，圆周若增6尺，直径必增2尺弱，即半径增1尺弱。今地球赤道是一圆，它的半径就是地球的半径，周增6尺，它的半径必较地球的半径增1尺弱，故铁轨同地面的距离将近一尺。

（21）男女同餐——有男子四人、女子三人，其中一男子目中所见的是其他三男子和三女子，所以说相等。其中一女子目中所见的是其他二女子和四男子，所以说男倍于女。原来他们都没有把自己算在里面。

【第29页】（22）计搬家具——搬移的次数最少是十八次。顺序是橱、琴、架、橱、琴、箱、桌、琴、橱、架、箱、橱、琴、桌、橱、箱、架、琴。

（23）巧移方木——至少须移三十九次，顺序是14，15，10，6，7，11，15，10，13，9，5，1，2，3，4，8，12，15，10，13，9，

5, 1, 2, 3, 4, 8, 12, 15, 14, 13, 9, 5, 1, 2, 3, 4, 8, 12。

【第34页】（24）掘洞难题——这个洞掘成后应深九尺。可用代数一次方程式解得。

【第38页】（25）货车调位——分下列五步：（1）R左行至 a，退入左支路，送 P 至 c。（2）R 由原路出，退行至 b，入右支路送 Q 与 P 连，拖二车出，入干路置 P 于 f。（3）R 拖 Q 入右支路，送 Q 至 c。（4）R 由原路出，再入干路，拖 P 退入右支路，置 P 于 e。（5）R 出，经 b，f，a，d，将 Q 由 c 拖至 d，放下后回至 f。

【第43页】（26）百卵百钱——仿百鸡百钱的问题，先假定没有鹅蛋，用鸡兔类法，可求得鸭蛋 20 个，鸡蛋 80 个。再求增减数得鹅蛋增五，鸭蛋减九，鸡蛋增四，增减一次得第一答：鹅蛋 5 个，鸭蛋 11 个，鸡蛋 84 个。继续增减一次得第二答：鹅蛋 10 个，鸭蛋 2 个，鸡蛋 88 个。

（27）棋分黑白——黑白棋各四子时：左 2，3；右 5，6；右 2，3；左 1，2。

五子时；左 2，3；右 4，5；左 5，6；右 2，3；左 1，2。

六子时：左 2，3；右 6，7；左 4，5；右 5，6；右 2，3；左 1，2。

七子时：左 2，3；右 5，6；左 5，6；右 6，7；左 7，8；右 2，3；左 1，2。

八子时：左 2，3；右 8，9；左 5，6；右 5，6；左 6，7；右 7，8；右 2，3；左 1，2。

九子时：左 2，3；右 5，6；左 6，7；右 8，9；左 5，6；右 6，7；左 9，10；右 2，3；左 1，2。

十子时：左 2，3；右 10，11；左 5，6；右 6，7；左 8，9；右 5，6；左 6，7；右 9，10；右 2，3；左 1，2。

十一子时：左 2，3；右 5，6；左 8，9；右 9，10；左 5，6；右 6，7；左 7，8；右 10，11；左 11，12；右 2，3；左 1，2。

十二子时：左2，3；右12，13；左5，6；右8，9；左9，10；右5，6；左6，7；右7，8；左10，11；右11，12；右2，3；左1，2。

（28）列杖成方——这十二根手杖列成一尺见方的小正方形，方法虽多，但只有如下图的一种是全部附着在橱板上的。

【第47页】（29）智猜帽色——一共五只帽，二红三蓝。若甲乙二人头上戴的都是红帽，那么丙立刻可以猜得自己头上的是蓝帽。现在丙既猜不出自己的帽色，可见甲乙二人戴的决不会都是红帽，一定是一红一蓝或都是蓝帽。又若甲戴的是红帽，那么第二次乙猜的时候，可以确定自己的是蓝帽。因为二人决不会全戴红帽的缘故。现在既然乙也猜不出，可见甲戴的不是红帽，那么一定是蓝帽了。

（30）火里逃生——（一）幼子下，空篮上；（二）长子下，幼子上；（三）王君下，长子上；（四）幼子下，空篮上；（五）长子下，幼子上；（六）幼子下，空篮上；（七）王妻下，王君偕二子同上。以下与首先的六次相同，计十三次而都到地面。

（31）十友聚饮——第一日每侧五人，每人敬同侧者一杯，自陪一杯，计每人饮酒五杯，十人共饮五十杯，付款千元，每杯价二十元。第二日一侧六人，每人饮六杯，另一侧四人，每人饮四杯，共做五十二杯，该价一千零四十元，某乙只带一千元，所以要窘态毕露了。

（32）鼠嚼票据——每匹该价二千一百七十元，共计五十九万四千五百八十元，可用代数不定方程式求得。

【第 52 页】（33）挂灯结彩——这彩牌中各线的交点共有四十七个，从每个交点引出的线的条数有二、四、五、六、八共计五种。其中出线的条数成偶数的决不能做起讫点，所以只有牌顶和大圆心的二点是出线五条的，可作起讫点。于是有起于牌顶讫于大圆心，及起于大圆心讫于牌顶的两种结法。至于中途经过的路，则四通八达，取径极多，可不必多述了。

（34）家族渡河——先令二子渡河，一子登彼岸，一子划船返；夫（或妇）上船渡到彼岸，彼岸一子划船返；二子同渡，一子返；妇（或夫）一人渡，又一子返；二子同渡，一子返；这子携犬再渡——于是全家到达彼岸。

（35）兄弟论年——今年兄七十岁，弟四十二岁。可用代数联立方程式求之。

【第 57 页】（36）渔翁妙语——渔翁所说的数目，是指的阿拉伯数字。无头的六，他的意思是 6 字没有头；无尾的九，意思是 9 字没有尾；八的一半，意思是 8 字的上半或下半，所以实际捕得的鱼等于 0，就是一条也没有捕到。

（37）工作比赛——某甲在中途休息 0.5 分钟，某乙休息 8.5 分钟。甲包糖 48 包，费时 24 分，连休息的 0.5 分共费 24 分 30 秒。乙剪布 48 块，只须剪 47 刀，费时 15 分 40 秒，连休息的 8.5 分共费 24 分 10 秒。于是知道乙胜甲 20 秒。假使你当作乙剪了 48 刀，费时 16 分，连休息共费 24 分 30 秒，同甲不分胜负，那就错了。

（38）巧妇分米——须倾倒七次：（一）自甲器倾满乙器；（二）自乙器倾满瓦罐；（三）乙器所余八升倾丙器中，丙就可以拿去了；（四）自瓦罐倾入甲器；（五）与（一）同；（六）与（二）同；乙器内就余八升；（七）与（四）同，甲器内也得八升。

【第67页】（39）十指箕斗——假定每一个人只有一个指头，那么第一个人是箕，第二个人是斗，第三个人起就要和开头二人中的任何一人相同，所以只有 2 种不同的变化。假定每人有二个指头，那么第一个指头是箕时，第二个指头可能有前述的 2 种变化；第一个指头是斗时，也有同样的 2 种变化，所以共有 2×2（$=2^2$）=4 种不同的变化。假定每人有三个指头，那么第一个指头是箕时，第二、三两个指头可能有前述的 4 种变化；第一个指头是斗时也一样，所以共有 4×2（$=2^3$）=8 种不同的变化。以小喻大，可见每一个人既然有十个指头，那么箕斗应有 2^{10}=1024 种不同的变化。就是说在 1024 个人里面，他们的箕斗可能都有一些不同，但是第 1025 个人就一定要和前面的 1024 人中的某一个人完全相同了。于是知道全中国五亿多人民，平均约有五十万个人的箕斗是完全相同的。

（40）教祖先知——假定中塔的环只有二枚，那么移动的手续是 3 次，就是：移第一环至右；第二环至左；第一环至左。假定环有三枚，那么移动的手续要 7 次，就是：一至左；二至右；一至右；三至左；一至中；二至左；一至左。假定环有四枚，那么移动的手续要 15 次，就是；一至右；二至左；一至左；三至右；一至中；二至右；一至右；四至左；一至左；二至中；一至中；三至左；一至右；二至左；一至左，……因 $3 = 2^2 - 1$，$7 = 2^3 - 1$，$15 = 2^4 - 1$，……以小喻大，知道环有六十四枚时的移动次数是

$$2^{64} - 1 = 18446744073709551615。$$

我们移环的手续就算是每分钟一百次，这样庞大的次数约须经三千五百万万年以上，那时世界的大为改观，可以说是意想中的事了。

（41）邻翁分马——先牵去十一匹，余一百三十二匹，长子得二分之一计六十六匹，次子得三分之一计四十四匹，幼子

得四分之一应是三十三匹，现在只剩二十二匹，把牵去的十一匹补入，恰巧分完。

【第86页】（42）孩子赌钱——这孩子有损无益，赌愈久损失愈大。设孩子袋中原有一百元钱，第一次友人负，孩子胜五十元，共有一百五十元。题中说二人胜负的次数相等，若赌二次，则第二次孩子负，友胜七十五元，结果孩子就损失二十五元。若二人胜负的次序相反，结果无异。若共赌四次、六次、……则孩子的损失更大。至于胜负的次序可任意假定，只须胜负的次数相等，总是得到相同的结果。

（43）神童分酒——共倒十五次：（一）由瓶倒满壶；（二）由壶倒满筒；（三）筒中的全部倒入瓶；（四）壶中的全部倒入筒；以下照上述的四次循环。

【第95页】（44）书分三格——上格三册书的数码连成的三位数，最小是123，最大是329。在这二数间的207个三位数中，除去有0的、个位是5的及有重复数字的共97个数外，尚有110个三位数，分别试得它们的2倍及3倍的数与原数共九个数字中没有0且不重复的就是答案。除题中的一种外，尚有图示的三种。

2	1	9		2	7	3		3	2	7
4	3	8		5	4	6		6	5	4
6	5	7		8	1	9		9	8	1

（45）三家汲水——依下图所示的路线，三家各可到自己的井中去汲水，而所走的路并没有相交。

（45）

（46）风中行车——这个问题看来是极容易的，小学生也会回答说是三分半钟。其实要是这样容易，就算不得是一个谜了，我们想：顺风时行的 1 公里，他得了风在 3 分钟里的助力；逆风时行的 1 公里，他受了风在 4 分钟里的阻力，双方决不能相抵，所以不能用"平均法"求到答数，现在他顺风 3 分钟行 1 公里，则 4 分钟可行 $1 \times \frac{4}{3} = 1\frac{1}{3}$ 公里；所以他往返共 8 分钟可行 $1 + 1\frac{1}{3} = 2\frac{1}{3}$ 公里，而风力顺逆恰相抵消。于是知道无风时行 1 公里要费时 $8 \div 2\frac{1}{3} = 3\frac{3}{7}$ 分钟，即 3 分 26 秒弱，此题若用普通算术解之，顺风速度每分钟 $\frac{1}{3}$ 公里是无风速度与风行速度的和，逆风速度每分钟 $\frac{1}{4}$ 公里是无风速度与风行速度的差，由"和差法"得无风速度是每分钟 $\left(\frac{1}{3} + \frac{1}{4}\right) \div 2 = \frac{7}{24}$ 公里，故无风时行 1 公里须费时 $1 \div \frac{7}{24} = 3\frac{3}{7}$ 分钟。

（47）巧刻竹竿——本题的解法虽多，但题中规定要二棒交换使用，且纯用棒端量得，这样就只有下图所示的一种方法。计经十一次而刻毕。

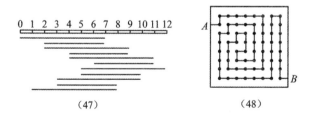

（47）　　　　　　　　　　（48）

（48）灯牌敷线——本题的答案如图所示，照这样连线是用线最少，且不相交的。

（49）航海故事——老牧师排列的地方作为第 1 位，则其余十四个教徒应列于第 2，3，4，5，10，11，14，16，17，19，21，

24, 27, 28 位。这样一来，十五个基督教徒都不致被投入海，推算的方法其实只能凭着实验。我们顺次写下自 1 至 30 共三十个数，列成一环。自 1 起顺次呼到第 13 就把它圈去；以下仍呼 1，呼到 13 再圈去。依此进行，已圈去的表示已投入海的人，不能再呼，圈满十五个数后，那余下的就是前面所举的各数。